New Wun Ching Developmental Publishing Co., Ltd.

New Age · New Choice · The Best Selected Educational Publications — NEW WCDP

盡情揮灑　綻放光彩

美睫
PTIA
造型

高瑞雲・周亞立・陳美均｜編著

協製團隊｜李幸珊・林淑瑛・潘海英・傅怡君・李宸妍・洪靜誼

模 特 兒｜鍾秀珍・潘茱瑩

國家圖書館出版品預行編目資料

美睫造型 PTIA/高瑞雲, 周亞立, 陳美均編著. -- 初版. --
新北市：新文京開發出版股份有限公司, 2021.02
　　面；　　公分

ISBN　978-986-430-691-6（平裝）

1. 化粧術　2. 眼睛

425.4　　　　　　　　　　　　　　　　　　110000410

美睫造型 PTIA　　　　　　　　　　　　　　　　（書號：B439）

編　著　者	高瑞雲　周亞立　陳美均	
出　版　者	新文京開發出版股份有限公司	
地　　　址	新北市中和區中山路二段 362 號 9 樓	
電　　　話	(02) 2244-8188（代表號）	
Ｆ　Ａ　Ｘ	(02) 2244-8189	
郵　　　撥	1958730-2	
初　　　版	西元 2021 年 02 月 05 日	

ISBN　978-986-430-691-6

推薦序

　　隨著生活水準日漸提高，國人對於外在美的要求越來越高，從早期的美髮、美甲到現今的美睫，這幾年在國內整體造型市場上越來越受到社會大眾的推廣及重視，產值也越來越高，吸引不少年輕族群紛紛投入美睫市場創業。

　　但要成為一位優良的美睫師需要哪些技巧，創業時需要哪些生財工具，市面上還沒有一本書能完整的介紹與說明。

　　後學與作者高瑞雲及陳美均二位老師已經認識六年多，高老師和陳老師對於美學產業推廣相當積極。這次高老師及陳老師聯手透過文字方式，深入淺出的將美睫技法與應用介紹給社會大眾，讓社會大眾對美睫技法與未來市場有更進一步的認識與了解，著實是社會大眾之福，相信這本書不但能成為學校教學用教材，同時也是一本日常生活寶典。

華夏科技大學校長

陳錫圭

推薦序

　　掌握流行成為現代女性的生活重點，追求整體的美感是化妝技術精進的功勞。多數人尚未意識到美睫能提高女性的魅力，嫁接睫毛後讓眼睛炯炯有神，不用再羨慕外國人的立體五官，甚至可以客製化。美睫銷售市場日漸成熟，十年前已流行嫁接一束睫毛，至今更可做出自然完全看不出痕跡，技術進步達穩定期。

　　OMC.THBA社團法人臺灣美髮美容世界協會數年來代表帶隊參與世界盃競賽，屢獲國際金、銀、銅牌佳績；更定期舉辦由THBA教練團示範各項競賽技術的課程，讓會員選手們研習並獲取最新資訊，不遺餘力在培育國際人才。

　　美睫創業商機大也可成為一種生存技能，越來越多的人試圖去掌握它，女性是銷售市場裡消費者的中堅力量，如果能找到一本好的美睫工具書，給予技術上、產品上、銷售上等等一系列的幫助是最佳途徑。

　　得知高瑞雲老師連結業界師資出書，將美睫原理與基礎理論邏輯化，初期學習者能接受到訊息及學得技能，創業者也能增加第二謀生本領。書中重點分析齊全，詳述初級實務與中級實操，是本可以推薦的良書。

OMC.THBA社團法人臺灣美髮美容世界協會創會會長

陳德雄

推薦序

　　震撼美睫界的一本活教材要出版，我當然要推薦好教材與業界朋友分享，《美睫造型》一書內容務實，著重技巧分析，對初學者來說深入淺出，可以迅速提升學習水平。高瑞雲老師有卓越超凡的領袖特質，樂於栽培新人，無私奉獻，集結數年的精神用耐心及愛心在教導學生，經驗豐富桃李滿天下，輔導考照通過率全臺聞名，指導學生參加比賽屢獲佳績，是美睫界權威，是我們美業界的榜樣，在此祝福所有朋友平安喜樂。

中華民國女子燙髮美容業職業工會全國聯合會理事長

葉水通

推薦序

　　因應時代變遷、時尚的展延，注重形象已是女性重要工作了，美睫及相關的產業亦蓬勃發展起來。對於女性來說，能夠擁有千變萬化的捲翹睫毛，是一件絕對無法抵抗的誘惑！

　　OMC.THBA社團法人臺灣美髮美容世界協會在國內有完整一系列培訓教育訓練，對商業職能認證、講師、裁判、教練至國際認證等都盡心盡力栽培，成就美容、美髮、整體造型就業菁英路徑。

　　認識高瑞雲老師相當長的時間，有熱忱願意付出，教學經驗亦沒問題，想要從事美妝行業的人員，不必擔心技術問題，本書詳盡由淺至深，圖文分析動作清晰，是很適合的工具書。

OMC.THBA社團法人臺灣美髮美容世界協會理事長

孫蕙芬

推薦序

　　愛美是天性，也能增進自信，尤其能擁有長又捲翹的睫毛，更能使眼睛迷人有神。西方女性天生睫毛長又捲翹，五官立體，實令人稱羨，反觀東方女性則多睫毛短平，較無法展現眼睛的美感。今藉由嫁接睫毛技術的產生與增進，使得東方女性有福能改進睫毛的缺點，增添美麗，也使得美睫需求日增，蔚為風氣，同時增進市場的就業機會。

　　本書作者高瑞雲老師在美容教學多年，經驗豐富，今將國外學習的美睫技術編著在書中介紹初、中級…等等的技法，有圖解、有業界造型等，讓人一目了然，淺顯易懂，對於想學習美睫技術者易於學習，除可參加檢定亦可就業。本書實用性很高，是一本值得推薦的極佳專業參考工具書！

中華民國美容學會理事長

李秋香

推薦序

　　臺灣近十年吹起了一股嫁接睫毛以及半永久定妝術的風潮，這是一個學習快、風險低、投報率高的行業，也是一個想要擁有斜槓人生、轉職或二度就業最好的選擇。因應市場的需求越來越多，技術水平參差不齊，且業界也沒有一個美睫專業技術的依循指標，因此，《美睫造型》一書問世，是美睫從業人員的一大福音。

　　跟高瑞雲老師結緣已有10年之久，長期合作下來，覺得老師擁有多元的技術以及對專業的要求標準很高，相信藉由高老師執筆統籌的專業書籍，一定值得大家期待。

iCBA全球紋飾藝術睫容髮妝發展協會理事長

張淑容

高序

　　經歷多年在美、英、加國學習與實務操作，啟發課程設計，打好學理基礎及整體架構。但體會到不斷變化的行銷手法、設計不同廣告來支撐店家時，最真切的經營管理模式還是需要技術，擁有真功夫是他人無法取代、無法帶走的，也較能在紛亂市場上生存。

　　想要學得第二專長與掌握美睫界脈動，一本能輔助技能及搭配就業的技術書是相當重要，再因業界好友們多年教學技術支持與交流，更協助完成這本技術工具書。

　　書中呈現詳解圖片步驟與說明，兼備學科理論、課程關鍵、演練習題，含教學方法、教學媒體運用等，內文中也詳載業界師資成果貢獻，創新之教材與教學方法為本書特色，能輔導初級與中級鑑定，當中的規範配合教師教學職能認證，也囊括就業創業的造型設計，可提升美睫工作者專業能力，給予消費者信心保障。

　　帶著信心著手這本學、用兼備的參考書；當中囊括經驗豐富業師的精湛作品等，更慶幸有他（她）們的鼓勵與支援，期望讓閱覽者精進技巧，也可為自己另創出不同的新路程。

高瑞雲　謹識

周序

　　因應美睫新職能技術的產業需求及發展，並且提升美睫從業人員的技術與水平，落實新職能認證制度之建立。

　　為此著手進行本書的出版，期盼能提供美睫教師做為上課的輔助教材，與學生課後複習的工具書。

　　全書遵循「全國美睫認證委員會」所訂定，美睫職能鑑定規範，提供了正確的職場準備方向，與操作重點提示。

　　此書是美睫從業人員之必備工具書，其內容包含學科、術科和衛生急救部分，並有詳細的解析和操作流程、精美圖片、分解動作照片與解說，除此之外，附上完整的規範說明參考，相信只要用心執行，多練習，必能在美業裡發光發熱。

　　書中雖經多次嚴謹審校，但恐有疏漏之處，尚祈先進能惠予指正，最後感謝華夏科技大學化妝品應用系提供場地，使得本書能順利圓滿完成。

周亞立　謹識

陳 序

　　在臺灣美睫沙龍紛紛設立，其普遍性隨著國人所得的增加，於服務業中逐漸擁有廣大的市場。愛美是人的天性，因應時尚潮流的改變，逐漸重視個人自我形象，若專業美睫師擁有的相關技能，於服務顧客時可針對其特色優點，在個人形象塑造上將呈現畫龍點睛的效果。

　　「教育是我鍾愛的事業；寫作是我熱衷的理想。」由於多年從事美容教育的工作，專心精進於美容造型之相關知識與技能，精心編寫策劃此書之完成。本書分為知識與技能操作之單元，讀者在理論方面可強化專業能力，在實務方面則至專業場地實地拍攝，並詳列用品、用具與操作過程，期望能協助有志從事美睫工作者皆能通過相關之證照。

　　感謝學校、合作業者等相關單位的同心協助，使本書如期完成付印，期能成為美睫之專業教材，尚祈各界先進不吝指正，使其更臻完善。

　　祝　平安喜樂

陳美均　謹識

高瑞雲

● 學歷

福州大學科技與教育管理博士生

南華大學企業管理學系管理科學碩士

Barrington University公共關係碩士

● 現職

華夏科技大學化妝品應用系助理教授

● 經歷

多妮化妝品有限公司美容美睫、彩妝部執行長

中華民國女子燙髮美容職業工會全國聯合會理事

中華民國人體彩繪從業人員職業工會全國聯合會理事

全國性及區級人民團體負責人

中華世界髮藝美容芳香經絡整體造型鑑定協會理事長

● 證照

1. 英國美睫證照

2. 加拿大卑詩(BC)省美睫證照

3. 加拿大卑詩(BC)省彩妝專業執照

4. 加拿大卑詩(BC)省美甲專業執照

5. 加拿大(CFA)及美國(NAHA)芳香療師執業資格

6. 英國Helen McGuinness國際健康美容培訓學校美睫講師

7. 英國Helen McGuinness國際健康美容培訓學校彩妝講師

8. 英國Helen McGuinness國際健康美容培訓學校嬰兒按摩講師

9. 英國Helen McGuinness國際健康美容培訓學校美容美體按摩講師

10. 英國Helen McGuinness國際健康美容培訓學校印度式頭皮按摩講師

11. 英國The Guild美甲暨美容治療師工會美甲講師

12. 英國The Guild美甲暨美容治療師工會美容講師

13. 英國The Guild美甲暨美容治療師工會芳療講師

14. 英國官方芳療美容專業機構VTCT授證美容芳療美容按摩講師

15. 英國官方芳療美容專業機構VTCT授證美容嬰幼兒按摩講師

16. 加拿大老人按摩協會教學講師

17. 英國老人按摩協會教學講師

18. 中華民國女子燙髮美容職業工會全國聯合會美睫證照

19. 中華民國女子燙髮美容職業工會全國聯合會霧眉證照

20. 中華民國女子燙髮美容職業工會全國聯合會美甲證照

21. 勞動部美容證照

評審

1. 行政院勞工委員會美容監評

2. 大陸考評員職業工種美容監評

3. 大陸考評員職業工種化妝監評

4. 大陸考評員職業工種美甲監評

5. 加拿大HMTAC整體協會認證評審

6. 中華民國人體彩繪從業人員職業工會全國人體彩繪評審

7. 中華民國全國盃髮型美容競技大賽美容評審長
8. 臺灣國際盃髮藝美容美睫美甲造型比賽國際美容執行長
9. 臺灣世界盃髮型美睫美甲紋繡比賽世界美容美容執行長

● 被授權

1. 英國國際培訓學校暨協會教學暨申請國際證照
   項目：彩妝、美髮、美甲、眉藝、芳療按摩證、嬰兒按摩、孕婦按摩、老人按摩、美睫等證照
2. 加拿大國際培訓學校暨協會教學暨申請國際證照
   項目：彩妝、美髮、美甲、眉藝、芳療按摩證、嬰兒按摩、孕婦按摩、老人按摩、美睫等證照

周亞立

● 學歷

中州科技大學保健食品系碩士

● 現職

臺灣國際美業技職教育鑑定協會理事長

雲林縣美睫眉藝造型職業工會理事長

社團法人雲林縣技職教育訓練鑑定發展協會理事長

臺中市勞工大聯盟理事

中華民國女子燙髮美容業職業工會全國聯合會常務理事

亞立髮容整體造型學院院長

中州科技大學時尚造型與視訊傳播系兼任講師

全國美睫總監察長

● 經歷

頸領式挽臉法發明人

圈式八字挽臉法發明人

中國化妝美容協會南區會長

嘉義市社區大學美容造型社指導老師

雲林科技大學社團美容老師

虎尾科技大學形象美姿美儀美容講師

雲林縣虎尾、斗六救國團美容講師

中華民國女子燙髮美容業職業工會全國聯合會研發教育委員會主
任委員

中華民國女子燙髮美容業職業工會全國聯合會挽臉認證委員會副
主任委員

中華民國女子燙髮美容業職業工會全國聯合會熱蠟認證委員會副
主任委員

中華民國女子燙髮美容業職業工會全國聯合會美睫認證委員會副
主任委員

中華民國女子燙髮美容業職業工會全國聯合會美體認證委員會副
主任委員

● 證照

1. 中華民國技術士美容乙級證照
2. GOLGEN國際美容博士檢定合格
3. GOLGEN國際美容碩士檢定合格
4. 全國美睫初、中、高級合格證
5. 全國美甲初、中、高級合格證
6. 全國熱蠟初、中級合格證
7. 全國挽臉初、中級合格證

● 評審

1. 鳳凰盃中區執行長
2. 新加坡國際美容評審長
3. 中華盃創意化妝組裁判長
4. 國際十大傑出美容講師大會評審
5. 金妝獎、金膚獎、金體獎國際比賽裁判長
6. 雲林科技大學大學先生小姐總決賽評審
7. 國際盃髮型美容美睫美甲眉藝競賽大會總執行長
8. 世界盃髮型美容美睫美甲眉藝文創國際比賽大會總執行長

陳美均

E-mail

a35311@go.hwh.edu.tw

學歷

大同大學設計科學研究所博士

師範大學家政教育研究所碩士

現職

華夏科技大學化妝品應用系副教授

經歷

臺南女子技術學院美容造型設計系

萬能科大化妝品應用與管理系

美睫相關證照

1. 全國美睫證照
2. ABA中華芳香精油國際證書
3. NAHA國際芳療師證照
4. 勞動部美容乙級證照
5. 英國美甲國際證照
6. TNA二級美甲證照
7. 國際保健美甲師乙級證照

曾獲得之榮譽

1. 1997年獲國科會乙種優良論文獎勵
2. 2012年獲頒教育部資深優良教師
3. 2016年華夏科技大學績優教師
4. 2017年獲頒教育部資深優良教師

5. 2019年華夏科技大學研發能量績優教師
6. 2020年華夏科技大學績優導師

● 國外研習

1. 英國倫敦時尚學院：芳香療法、創意化妝、年代化妝、假髮運用
2. 日本山野短期大學：日式臉部保養、美體與美膚儀器、彩繪化妝、傳統藝妓包頭與舞臺化妝、指甲護理、浪越全身指壓、電視化妝、新娘包頭
3. 法國mack up彩妝學校：法式淋巴引流手技、指甲彩繪、特效化妝

● 美睫相關評審

1. 家事類科學生技藝競賽評審
2. 全國高級中學校家事類科學生技藝競賽評審
3. 全國技能競賽北區初賽美容職類裁判
4. 亞洲髮型化妝美甲大賽臺灣區國際選手選拔評審
5. C級彩繪—宴會彩繪、指甲彩繪、手機彩繪評審
6. 新北市勞工技藝競賽美容職類裁判長
7. 中華民國全國盃髮型美容競技大會美甲評審
8. 鳳凰盃美容美髮美甲技術競賽大會美容評審
9. 亞洲盃香港髮型化妝美甲國際大賽評審
10. 中華盃美容美髮美甲技術競賽大會裁判長
11. 臺灣國際盃髮藝美容美睫美甲造型比賽國際美容評審長
12. 臺灣世界盃髮型美睫美甲紋繡比賽世界美容評審長
13. 國際技能競賽中華民國技能競賽委員
14. 美容職類技術士技能檢定術科測試監評人員

目　錄

CHAPTER *01*

美睫概論

1-1

毛髮基礎概念

皮膚之構造

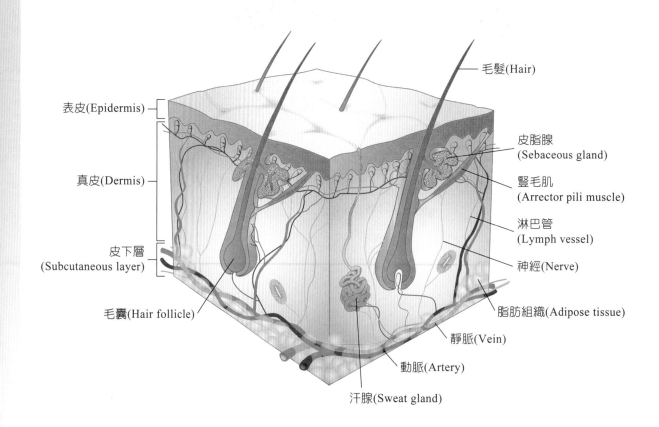

表皮(Epidermis)

真皮(Dermis)

皮下層
(Subcutaneous layer)

毛囊(Hair follicle)

毛髮(Hair)

皮脂腺
(Sebaceous gland)

豎毛肌
(Arrector pili muscle)

淋巴管
(Lymph vessel)

神經(Nerve)

脂肪組織(Adipose tissue)

靜脈(Vein)

動脈(Artery)

汗腺(Sweat gland)

一、睫毛之結構解析

1. **毛幹**：毛伸出於皮膚表面的部分。

2. **毛根**：藏於皮膚內部看不見。

3. **皮脂腺**：可分泌皮脂，具保濕及滋潤效果。

4. **毛乳頭**：內含毛細血管並可攝取養分。

5. **毛細血管**：運送養分於毛母細胞。

6. **毛囊**：包覆毛根且每根毛髮都有，也決定毛髮的曲線。

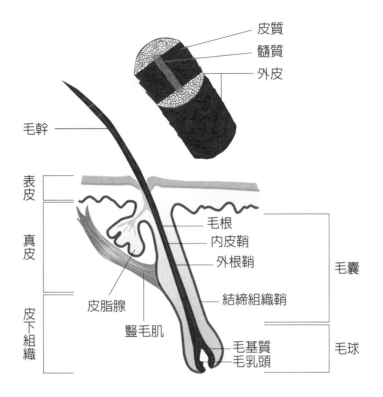

二、睫毛須知

　　每個人睫毛的狀況皆不盡相同，正常一天自然掉落大約5根左右，而每天長出約0.1~0.18公釐的長度。上方的睫毛數量約為100~150根左右，下眼瞼之睫毛數量約為上方睫毛的一半。睫毛平均約為8~12公釐的長度。

　　一般荷爾蒙分泌較旺盛的時間為晚上10點至凌晨2點，也是睫毛生長最活絡的時候，這時段若能充分休息，對睫毛的生長是有助益的。

1-2

睫毛生長週期之解說

重要關聯性

　　一般消費者對睫毛的情狀並不熟悉，所以當嫁接後真睫毛有脫落時，可能質疑美睫師技術不優，故美睫師須知悉生長週期與生理學，即可知何種狀況下嫁接睫毛的效果是最好的，諮詢時應能詳細分析說明進而減少爭議。消費者也會質疑嫁接後或卸除後，是否原生睫毛會掉落或變短？說明睫毛生長週期與美睫後注意事項是有重要關聯性的。

　　睫毛短的人羨慕睫毛長的人；睫毛生長期稍長，休眠期稍短者，睫毛即維持較長的，反之睫毛即維持在較短的狀態。

一、睫毛之生長週期

（一）睫毛活躍生長階段有1個月，生長停止後會靜止2~3個月，平均每掉落一根睫毛需3~5個月，才能長回先前的長度。

（二）黏貼睫毛較有可能導致睫毛根部受損導致斷裂。

（三）嫁接睫毛較不會影響真睫毛生長週期。

（四）睫毛之生長循環可分為三個階段：生長期→衰退期→休眠期。

1. **生長期**：請謹慎考慮是否嫁接此期的睫毛（持續生長、伸展中的階段）。生長期時若受到破壞，會出現暫時脫毛現象。

2. **衰退期**：此期是最合適美睫的階段（此時期睫毛停止生長）。

3. **休眠期**：睫毛嫁接在此階段時更容易掉落（自然脫落後到下一個生長期的準備階段）。

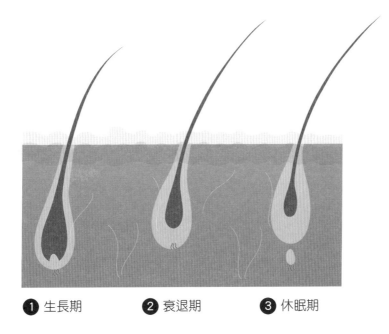

❶ 生長期　　　　❷ 衰退期　　　　❸ 休眠期

二、睫毛功能

（一）UV紫外線對眼睛會造成傷害，但是睫毛有其防護的功能。

（二）方向順又適當長度的睫毛對眼睛確有保護作用，此屏障能防護灰塵、異物及液體等，若有倒插時怕會刺眼傷視力，請盡速找眼科醫生。

（三）搭配眼型及適合的長度、粗度、捲翹度的睫毛時，可增添美觀與加分的作用。

三、睫毛類別

（一）人工毛

為了簡單明瞭，它就是塑料毛，但塑料也有很多種類，我們所使用的假睫毛的原料是PBT而不是PVC喔！

聚對苯二甲酸丁二酯(Polybutylene Terephthalate；PBT)，特徵尤其在於它的高強度、剛性和耐熱變形性，以及非常高的尺寸穩定性和不易變形傾向，就是比較容易定形也較不易變形，所以適合用於假睫毛。聚氯乙烯(Polyvinyl Chloride；PVC)因較易塑型所以也較易變形。

人工毛還可再細分為圓毛、扁毛、層次毛。

（二）天然水貂毛

　　Mink中文是水貂，水貂毛由於是天然，因此尺寸形狀上不像人工來得整齊。因為貂毛是動物毛，跟毛髮一樣有毛鱗，含有角質蛋白分子組成的角質纖維，質感與觸感相當接近睫毛，而且粗度無法選擇，完全就像我們真睫毛一樣的自然輕盈。如果你要選擇較高價位的水貂毛，記得要請你的美睫師讓你確認一下是否為真水貂喔！

　　假睫毛的外包裝上有的會寫Real Mink或Mink。

表1-1　市面上常見天然水貂毛

	mooilash奢華北美記憶貂毛	西伯利亞貂毛	一般貂毛
品種	北美貂毛 （僅占世界10%）	西伯利亞 （最常見）	參雜兔毛或松鼠毛 （混合毛）
彈性	柔而堅挺	柔	太軟
色澤	光亮潤黑	深褐色／黑色	色澤不均
毛峰	優	優	人工修剪
捲度	捲度持久，不易變直	偶有變直問題	捲度不一
消毒	加馬Gamma消毒 滅菌過程符合消毒標準	不明	不明

四、睫毛性狀

（一）長度(Length)

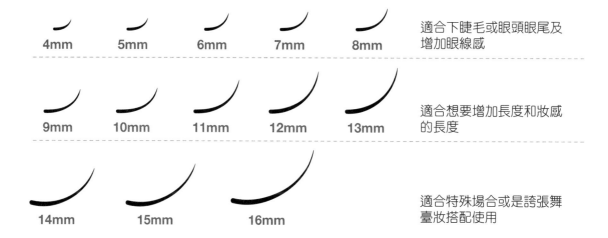

4mm	5mm	6mm	7mm	8mm	適合下睫毛或眼頭眼尾及增加眼線感
9mm	10mm	11mm	12mm	13mm	適合想要增加長度和妝感的長度
14mm	15mm	16mm			適合特殊場合或是誇張舞臺妝搭配使用

（二）粗細(Thickness)

0.04mm	一排約 600 根	細		適合喜歡超級爆濃、真睫毛條件弱、年長者、補空洞
0.05mm	一排約 560 根			適合喜歡超級爆濃、真睫毛條件弱、年長者、填空洞
0.06mm	一排約 520 根			適合喜歡爆濃、真睫毛條件弱、年長者、填空洞
0.07mm	一排約 480 根			適合喜歡爆濃、真睫毛條件弱、年長者、填空洞
0.10mm	一排約 360 根			適合大部分東方人睫毛、混粗度用效果佳、可開花
0.12mm	一排約 320 根			適合大部分東方人睫毛、傳統3D、混粗度效果佳
0.15mm	一排約 240 根	粗		適合真睫毛條件好、建議和其他粗細混搭效果更佳

（三）顏色(Color)

主要用色	彩色／搭配設計用

黑色	淺藍	綠	藍	乾燥花
蜜糖	薄荷綠	橘	金	漸層混彩
巧克力色	粉紅	紅	紫	混彩系列

（四）捲度(Curl)

I	平捲	10°	無辜	自然	適合男士或接下睫毛及想要自然款的客人
J	平捲	30°	自然		適合喜歡低調自然裸妝及下睫毛專用
B	微捲	40°	可愛		適合喜歡自然微捲俏麗的美人兒
C	捲翹	50°	優雅		適合喜歡燙完睫毛般的捲翹感的美人兒
D	捲翹	70°	娃娃		適合想要洋娃娃般大眼或局部上提的美人兒
L	捲翹	80°	氣質	捲翹	適合下垂睫毛、泡泡眼、單眼皮及內雙的美人兒

表1-2　嫁接睫毛與接種睫毛的特性

嫁接睫毛	接種睫毛
一根根嫁接上去	操作時間快速
效果自然服貼	效果超濃密
有眼線的效果	不易清潔
依個人需求濃密嫁接	花費較高
調整眼型，較無異物感	定期回補
像自己的睫毛根根分明	
可用睫毛刷梳理	

嫁接睫毛後的注意事項

　　許多第一次接睫毛的新手，因為掉了5~6根睫毛就很緊張，以為接睫毛才害真睫毛掉落。其實睫毛原本每天就會掉落，尤其接睫毛有時對於部分人的真睫毛來說會太刺激，只要在1~2天內沒有掉落超過10根，都算是正常的身體代謝現象！

　　一般接完睫毛至少要6~7小時不能碰到水，美睫師也建議2天內不要使用三溫暖或接觸過熱的水，才能讓接完睫毛的黏膠可以更穩固。而其實除了剛接完睫毛的幾天以外，也盡量不要讓接完的睫毛碰到超過 40℃ 的水，過熱的水容易造成黏膠溶解脫落，而且也可能讓接睫毛的人造纖維變形！

嫁接睫毛後的禁忌

1. 睫毛夾錯誤使用與清潔

2. 暫停使用睫毛生長液

3. 不建議用睫毛膏

4. 1個月最多只接一次睫毛

5. 3天內不泡溫泉

6. 盡量不用卸妝油

7. 毛巾盡量不擦拭眼睛

8. 不揉眼睛

M E M O

CHAPTER 02

美睫寶典匯總

美睫基本設備

初級設備

桌子、椅子、檯燈。

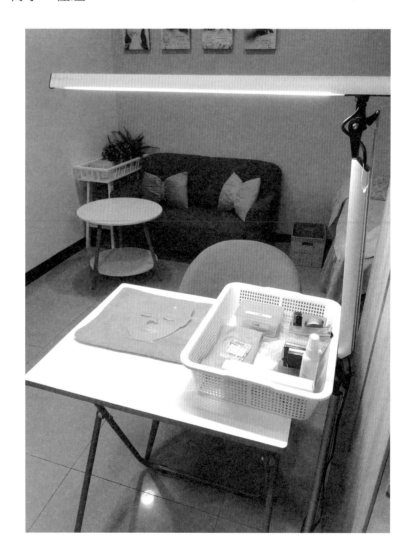

中級設備

美容床、美容椅、檯燈、工作臺車。

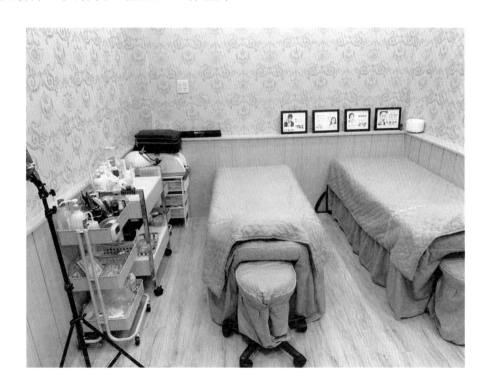

2-2

美睫產品系列

初級基本產品

小毛巾（素色）

PTIA專用假皮

白籃子（放置美睫產品用）

黑膠

睫毛去蛋白液

睫毛定型液

假睫毛（型號250）

直夾（左）彎夾（右）

睫毛與睫毛刷

透氣膠帶

酒精棉球（左）
酒精棉片（右）

黑膠延遲杯

睫毛膠

工具清潔液

風扇

吹風球

口罩

白色工作服

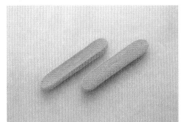

洗臉海綿

眼膜

頭巾

小剪刀

棉籤

濕巾

面紙

睫毛尺寸公分卡

AD1工具清潔液

待消毒物品袋（上）垃圾袋（下）

中級基本產品

小毛巾（素色）

大毛巾（素色）

白籃子（放置美睫產品用）

頭巾

黑膠

睫毛去蛋白液

睫毛定型液

彩色綜合睫毛

直夾（左）彎夾（右）

睫毛與睫毛刷

透氣膠帶

酒精棉球（左）
酒精棉片（右）

頭枕

睫毛卸除凝膠

睫毛膠

睫毛尺寸公分卡

工具清潔液

C型0.15尺寸綜合睫毛

D型0.15尺寸綜合睫毛

J型0.15尺寸綜合睫毛

假睫毛（型號250）

小剪刀

PTIA專用假皮

AD1工具清潔液

風扇

吹風球

口罩

白色工作服

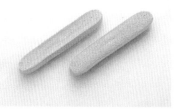

洗臉海綿

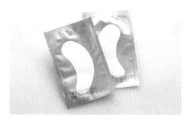

眼膜

睫毛卸除凝膠

黑膠延遲杯

棉籤

面紙

濕巾

待消毒物品袋（上）
垃圾袋（下）

美睫服務系列

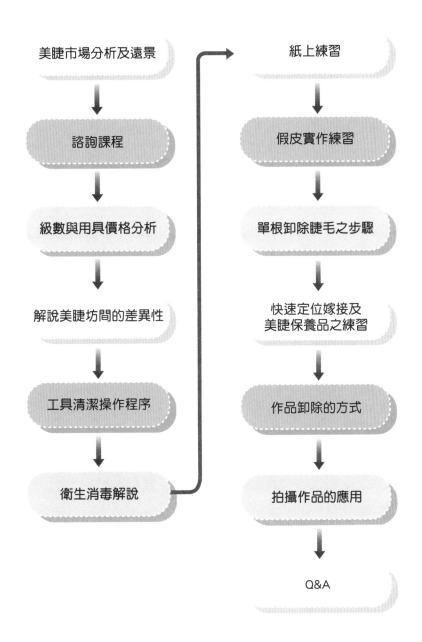

美睫市場分析及遠景

↓

諮詢課程

↓

級數與用具價格分析

↓

解說美睫坊間的差異性

↓

工具清潔操作程序

↓

衛生消毒解說

→

紙上練習

↓

假皮實作練習

↓

單根卸除睫毛之步驟

↓

快速定位嫁接及
美睫保養品之練習

↓

作品卸除的方式

↓

拍攝作品的應用

↓

Q&A

美睫色彩學

睫毛顏色的運用與代表

睫毛色系

紅   藍

黃   紫

橘   黑

綠   白

紅：熱情、活力
黃：明朗、清秀、溫順
橘：輕切、活潑
綠：和諧、和平、安全、平穩
藍：涼爽、寂靜、誠實、知性
紫：優雅、高貴、華麗
黑：威嚴、強力、都會
白：和平、率直、天真

1. 春季型睫毛（適合用明快、清新、鮮亮的顏色），例如：咖啡色、新綠色、嫩黃色、杏粉色、淡粉紅。

2. 夏季型睫毛（避免使用強烈的色彩對比和反差顏色），例如：天空藍、雲朵白、淺綠、淡紫色。

3. 秋季型睫毛（適合鮮豔中略帶沉穩的顏色），例如：墨綠、鐵鏽紅、深金橙、茄皮紫、咖啡色、米色。

4. 冬季型睫毛（適合以黑灰色這類的純色為主調），例如：玫瑰紅、明黃、寶石藍、深紫。

春季型睫毛

夏季型睫毛

秋季型睫毛

冬季型睫毛

伊登12色相環

色相常作成「色相環」，人類可識別出2000~3000種顏色，根據顏色再加以判斷色彩的名稱，即為色相。如日常生活中的藍色、紅色等一般顏色較易區別。

伊登12色相環是初學者了解色環構成的基礎，讀者可製作色盤作為色彩混色練習，將有助於色彩的搭配。

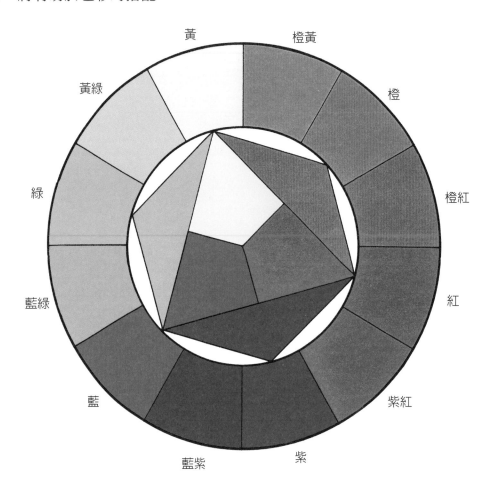

色盤

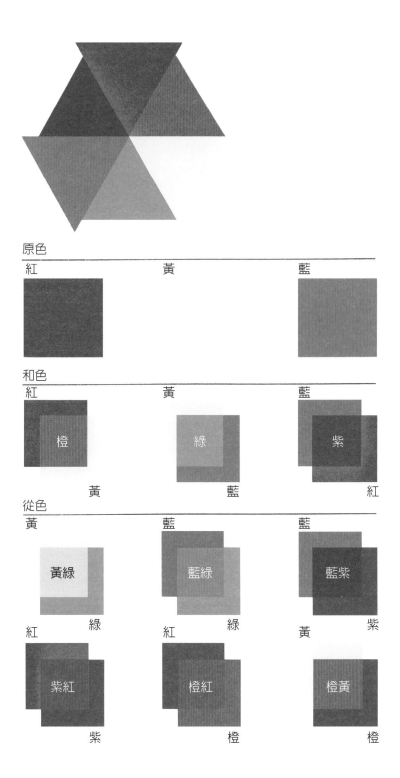

原色

紅	黃	藍

和色

紅	黃	藍
橙	綠	紫
黃	藍	紅

從色

黃	藍	藍
黃綠	藍綠	藍紫
紅　綠	紅　綠	黃　紫
紫紅	橙紅	橙黃
紫	橙	橙

美睫市場分析

美業的業種包含醫美、美容護膚、美髮、新祕彩妝、美甲、美睫等都統稱為美業。美睫之所以是美業的入門，是因為學習快速、創業成本低等特性，不像醫美需要合格醫師、美容需要儀器、美髮需要長時間學習才能出師、彩妝需要多種化妝品、美甲需要配合流行性必須時常補貨，然而美睫著重在於運用同一種毛種，以不同的手法來改變客人的眼型需求，所以美睫通常是美業入門的第一選擇。

「美睫」是所有美業當中最容易學習的技能，其門檻成本低、學習時間短，相較於其他美業業種來說，更易於小資創業，所以近年來才會日趨盛行。

目前市面上美睫店很多，因此想在市場上占有一席之地，就必須要開設消費者喜歡的美睫店。

而美睫店會賺錢的重點就是需要「三好」：好產品、好技術、好人緣。

首先，做美睫需要好產品。一些美睫店為了追求高利潤，引進劣質的美睫產品，會對顧客健康帶來危害，因此美睫店千萬不要急於追求眼前的利益而選擇低價的劣質產品。劣質產品只會讓美睫店失去更多的顧客，因此開店選擇合格的產品至為關鍵。

然而技術也是相當重要，美睫店除了技術好之外，還需要不斷的創新。之所以要創新，主要是美睫技術汰舊換新很快，現在的消費者又非常關注時尚潮流，因此跟進時代潮流是美睫店的生存根本。最重要的是每個月進修，增加自己的技術，多多學習新的美睫技法才能不斷的創新。

美睫作品拍攝技巧

如何讓美睫作品照片精緻又引人矚目？

身為一名專業的美睫師，除了有專業的技術以外，呈現出來的作品也要精緻又引人矚目，所以除了作品漂亮，同時也要懂得作品的照片該如何拍攝。

七分靠技術，三分靠拍攝，拍照的角度、光線、背景、妝容、眼球對焦等通通都是關鍵。

一、照片拍得不好的常見錯誤

（一）光線不足

（二）構圖不佳

（三）不會指引顧客看鏡頭

（四）沒有對焦

（五）背景髒或亂

（六）距離太遠

二、美睫作品拍攝小技巧

（一）充足的光線

可用補光燈（白色柔光），市面上很容易取得，現在有手機夾燈（補光用），是拍美睫照片非常好用的小道具。

（二）善用手機或相機裡的九宮格線

將重點落在九宮格的四個點，斜角或平視都可以。

（三）指引顧客平視看鏡頭

若顧客眼睛不知道看哪裡，可用手指引。請顧客眼睛看著你的手移動，找到對著鏡頭的位置即可。眼睛千萬別上翻，只要保持平視即可。

（四）對焦或使用微距鏡頭

很多人手機拍近距離照片會失焦，這時候可以善用小道具微距鏡頭，即可拍攝到近距離且清楚的睫毛。

（五）拍攝睫毛前與顧客充分溝通

拍攝睫毛前可以先請顧客撥好小碎髮，若眉毛雜毛多，可以幫顧客稍微修一下，這樣拍攝出來的作品照會比較有整體性，也比較乾淨，也可給顧客多一些額外的服務。

（六）多角度拍攝

正面、側面、斜角、都可拍攝，將增加作品的視覺感。

（七）修圖軟體

可以靠修圖軟體把顧客的膚質狀況稍微做修飾。

CHAPTER *03*

PTIA 鑑定規範

初級鑑定報名須知

一、鑑定對象與目的

（一）鑑定對象

1. 年滿15歲，從事美睫相關工作者。

2. 具備美睫基礎能力者。

（二）鑑定目的

1. 提升美睫工作者地位。

2. 給予顧客信心與保障。

二、報名相關資訊

（一）填寫報名表與報檢資料

1. 報名表請以正楷詳細填寫，並貼妥身分證影本及1吋相片（一式2張，近三個月內照片）。

2. 若報檢人曾經更改過姓名且所繳驗之證件與身分證姓名不一致者，應檢附戶籍謄本佐證。

3. 出生年月日：依國民身分證上所記載之出生年月日填寫。

4. 通信地址：退補件通知、學術科成績單與合格證件均將依此地址寄送（請務必填寫郵遞區號）。

5. 戶籍地址：請填寫戶籍地址以便日後必要時聯絡。

6. 聯絡電話：請填寫公司、住宅電話及行動電話。

7. E-MAIL：請填寫有效之電子郵件信箱。

（二）鑑定資格審查

1. 資格審查不符者以電話、簡訊、E-MAIL或書面通知，請注意所填寫之手機號碼、通信地址等聯絡資料務必正確，資格審查不符者，報名表及相關資格證件影本由承辦單位備查不退回。

2. 凡報名後申請延期請於前十日提出（限申請一次為限），逾期單位將不予受理，亦不予退費。

報名流程圖

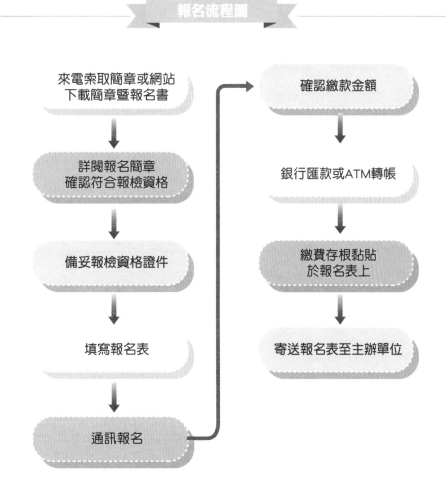

來電索取簡章或網站
下載簡章暨報名書

↓

詳閱報名簡章
確認符合報檢資格

↓

備妥報檢資格證件

↓

填寫報名表

↓

通訊報名

→

確認繳款金額

↓

銀行匯款或ATM轉帳

↓

繳費存根黏貼
於報名表上

↓

寄送報名表至主辦單位

初級測試試場、項目及時間表

PTIA全國美睫鑑定各梯次重點行事曆

日期 場次別	3月	6月	9月	12月
北區	第一週星期六	第一週星期六	第一週星期六	第一週星期六
中區	第二週星期六	第二週星期六	第二週星期六	第二週星期六
南區	第三週星期六	第三週星期六	第三週星期六	第三週星期六
花東區	第四週星期六	第四週星期六	第四週星期六	第四週星期六
報名日期	每年度 北區1/30日截止 中區2/08日截止 南區2/15日截止 東區2/22日截止	每年度 北區5/02日截止 中區5/09日截止 南區5/16日截止 東區5/23日截止	每年度 北區8/02日截止 中區8/09日截止 南區8/16日截止 東區8/23日截止	每年度 北區11/07日截止 中區11/15日截止 南區11/22日截止 東區11/29日截止

各場次測試日期：另行通知或進入以下網址查詢
http://aelee20100320.pixnet.net/blog/post/335716913

一、鑑定考核方式

（一）學科（測驗時間20分鐘）

1. 選擇25題，每題4分，共100分，成績70分為及格。

2. 考生用原子筆填寫答案塗改者，一律不予計分。

（二）術科（測驗時間60分鐘）

1. 自然型、眼尾加長型二抽一（以假人皮操作雙眼）。

2. 美睫以單根睫毛為準，不得使用開花方式睫毛嫁接。

3. 嫁接睫毛規格：0.15~0.20型為標準，假睫毛型號以250型為基礎。

4. 滿分100分，成績70分為及格。

二、PTIA 美睫（初級）考核實施要點

（一）學科測試

測試項目	試題數	時間
學科	25題	20分鐘

（二）術科項目：共分二項

	測試項目	試題數	時間
一	工作前準備	1	10分鐘
二	眼尾加長型、自然型	2抽1	50分鐘

1. 應檢人須做完每一項測試。

2. 在第一、二測試項目開始測試時，由每試場控場人員公開徵求應檢人代表各自二題中抽出一題實施測試，並作成紀錄。

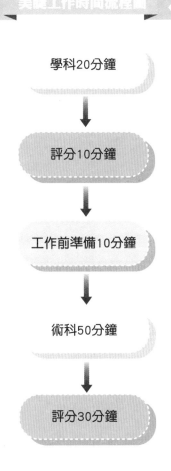

美睫工作時間流程圖

學科20分鐘

評分10分鐘

工作前準備10分鐘

術科50分鐘

評分30分鐘

三、術科評分標準說明

評分項目	評分內容	配分
工作前準備 30分	擺放毛巾置桌面	2
	放臉皮置毛巾上	2
	正確填寫顧客資料表	5
	工具消毒、手部消毒	2
	海綿清潔臉皮（額頭、眼皮、鼻子、臉頰、下巴）、吹乾	5
	黏貼假睫毛（型號250）	2
	正確黏貼眼膜及提拉膠帶	2
	清潔液清潔睫毛、吹乾	4
	置放頭巾、置放工作臺、醒膠	6
抽籤二抽一（自然型、眼尾加長型） 54分	選用正確合格工具（包含黑膠、白膠、睫毛修護瓶、清潔液、睫毛型號、假睫毛）	10
	嫁接需達50根（含）至80根以下（單眼）	10
	嫁接完吹乾及梳順	4
	嫁接完形狀是否符合主題	5
	睫毛長度排放順序、形狀對稱	5
	嫁接睫毛選用正確（捲度、粗度）	5
	正確做好睫毛保養動作	4
	整體感切合主題、乾淨度、整齊度	7
	術後眼膜是否拆除	2
	術後膠帶是否拆除	2
衛生行為及工作態度 16分	美睫材料（需中文標示規定）	2
	服裝儀容檢查（長髮紮起、短髮夾起）	2
	姿勢正確優美	2
	白毛巾是否丟入待消毒物品袋	2
	所戴口罩是否遮住口、鼻	2
	服裝儀容檢查（是否穿著白袍工作服）	2
	工作前消毒工具	2
	操作過程（正確使用產品及工具）	1
	所有物品歸回原位並妥善收好	1
總計		100

評分項目	評分內容	配分
重大違規扣分	單眼未達50根及超出80根以上	-32
	形狀不對（與抽籤題型不符）	-32
	睫毛超出根部5根或倒插5根	-32
	黑膠嚴重沾黏	-32

四、試場注意事項

（一）學術科測試人應於測試前30分鐘辦妥報到手續。

　　1. 攜帶身分證資料

　　2. 領取准考證

　　3. 檢查測驗自備工具

（二）應考人員服裝儀容整齊，穿著符合規定的工作服，配戴術科測試號碼牌，長髮應梳理整齊並紮妥，不得配戴會干擾美睫工作進行的珠寶飾物。

（三）應考人員若有疑問，應在規定時間內就地舉手，待評審人員到達面前使得發問，不可在場內任意走動高聲談論。

（四）考核時間開始10分鐘後即不得進場，成績不予計分。

（五）應考人員不得攜帶規定（如應考人員自備器材）以外的器材入場，否則相關項目的成績不予計分。

（六）應考人員除遵守本須知所訂事項以外，應隨時注意辦理單位或評審長臨時通知的事宜。

（七）各試場測驗項目及時間分配，應考人員依組別和測驗准考證號碼就崗位依序參加測驗，如有不符，應即告知評審長處理。

（八）各測驗項目應於規定時間內完成，並依照評審長口令進行，各單項測驗不符合主題者，不予計分。

（九）測驗時間開始或停止，須依照口令進行，不得自行提前或延後。

（十）應考人員務必於通知測驗日時間內到達規定地點參加鑑定測驗，逾時以棄權論，事後不得要求或申請補行測驗及請求退費。

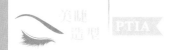

（十一）應考人員如有嚴重違規或作弊等情事，經評審議決並作成事實紀錄，得取消其應檢資格。

（十二）應考人員於測驗中因故要離開試場時，須經負責評審長核准，並派員陪同始可離開，時間不得超過10分鐘，並不另加給時間。

（十三）報名時未依規定報理學、術科免試者，視同報考一般考生受理，報名後不得申請更正，亦不退費。

（十四）欲申請學、術科免試者，若學、術科成績單遺失，請於報名前申請補發，以利承辦單位報名作業。

（十五）學科測驗成績或術科成績之一及格者，其成績均得保留一年，但仍須在保留期限內於各梯次辦理該職類報名時，依規定手續辦理學科或術科免試，否則視同放棄。

（十六）應考人員對於學科、術科測驗成績有異議者，應於網路公告日起算或接到成績通知單之日起十日內申請複查（郵戳為憑），且以一次為限。

五、學術科測驗

（一）試場時間分配表

1. 學科測試時間：20分鐘（選擇題25題，寫完即可離場）。

2. 術科測試時間：60分鐘（包含工作前10分鐘及專業嫁接50分鐘）。

3. 應檢人就測試號碼依序參加測試，各試場測試項目、時間分配、應檢人分配圖如下：

時間	美睫初級測驗項目
09:00~09~20	報到時間
09:30~09:50	學科測驗
09:50~10:00	休息
10:00~11:00	術科測驗
11:00~11:30	評審評分時間
11:30~11:40	散場

（二）術科測試

1. 服裝儀容要求

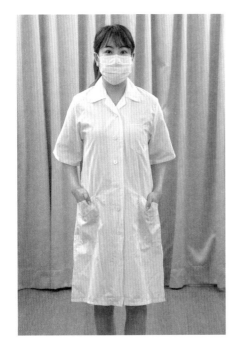

服裝儀容合格（○）

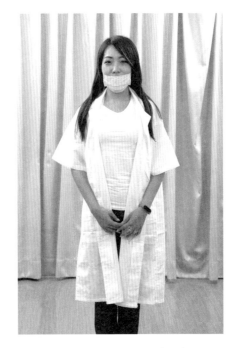

服裝儀容不合格（×）

1 長髮者紮好頭髮，短髮者弄乾淨。

2 戴上口罩。

3 按壓鼻梁（口、鼻都要蓋住）。

4 調整下巴部位。

2. 工作前準備（測驗時間10分鐘）

1 放置毛巾。

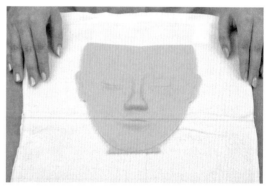

2 鋪假臉皮。

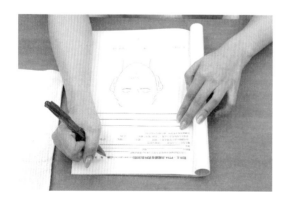

3 填寫顧客資料表。

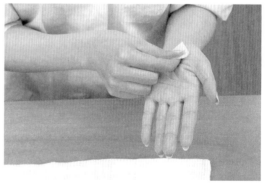

4-1 清潔消毒雙手：手心。

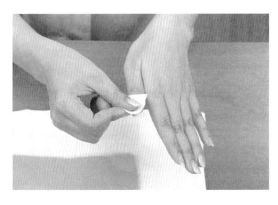

4-2 清潔消毒雙手：手背。

4-3 清潔消毒雙手：指縫。

4-4 清潔消毒雙手：指尖。

4-5 清潔消毒雙手：手腕。

5-1 消毒器具：彎夾。

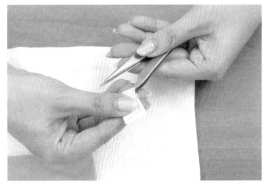

5-2 消毒器具：直夾。

6-1 清潔顧客（假人皮）全臉：上眼皮　6-2 下眼皮擦拭。
擦拭。

6-3 額頭往上擦至太陽穴。　6-4 鼻翼往下擦拭。

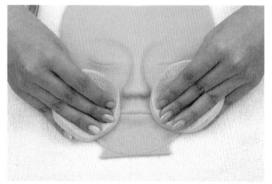

6-5 鼻翼擦至太陽穴。　6-6 嘴角擦至耳中。

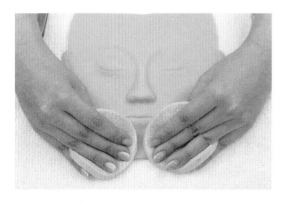

6-7 下巴擦至耳下。

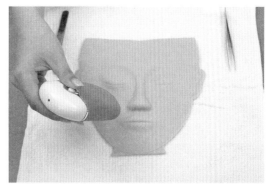

7 拭淨後吹乾。

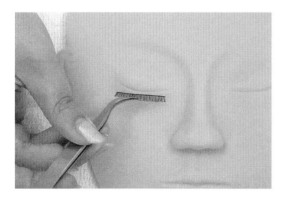

8 黏貼假睫毛。

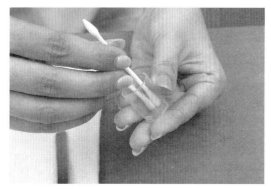

9 取棉籤或棉花棒沾取適量清潔液。

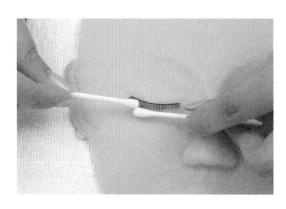

10 清潔假睫毛。

11 吹乾。

12 黏貼眼膜。

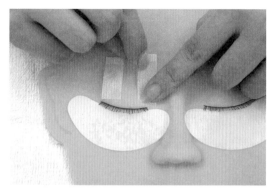

13 膠帶拉提雙眼。

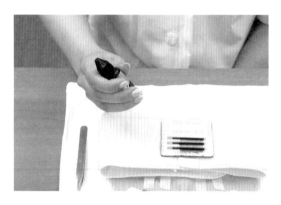

14 醒膠。

15 開始操作。

3. 實作測驗（測驗時間50分鐘）

(1) 自然型、眼尾加長型美睫二抽一，單眼50~80根睫毛，考試以假人皮操作。

(2) 睫毛以單根睫毛嫁接為準，不得使用開花方式嫁接睫毛。

1 點膠。

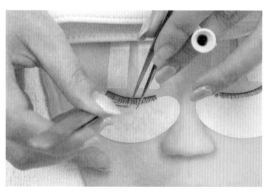

2 開始嫁接50~80根（單眼）。

3 嫁接完畢吹乾。

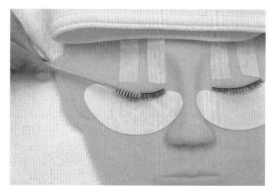

4 梳順。

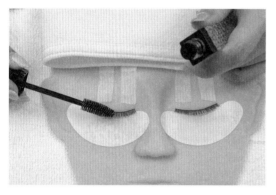

5 術後保養。

6 拆除膠帶。

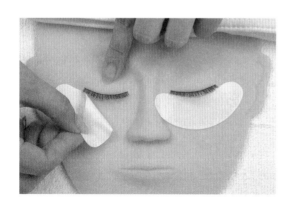

7 拆除眼膜。

8 使用完畢材料丟至待消毒物品袋。

(3) 成品

試題1（自然型）	試題2（眼尾加長型）
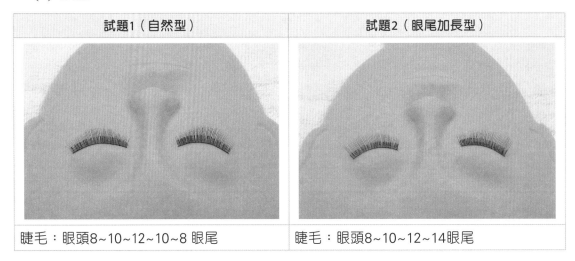	
睫毛：眼頭8~10~12~10~8 眼尾	睫毛：眼頭8~10~12~14眼尾

六、應考人自備器具

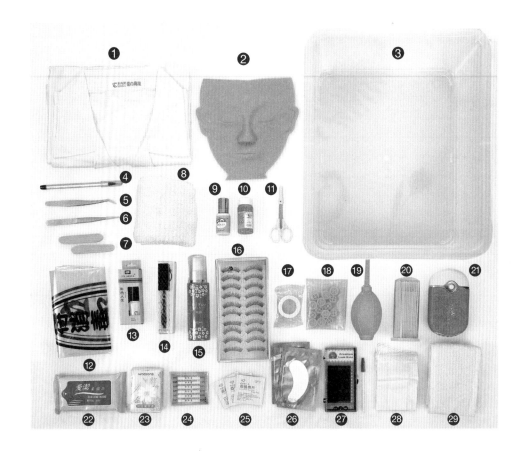

工具	數量	工具	數量
1. 工作服（素色）	1件	2. PTIA專用假皮	1張
3. 白色籃子	1個	4. 原子筆	1支
5. 彎夾	1支	6. 直夾	1支
7. 洗臉海綿	2片	8. 小毛巾（素色，放置假皮用）	1條
9. 黑膠	1瓶	10. 工具清潔液	1瓶
11. 小剪刀	1支	12. 待消毒物品袋(20cm×30cm) 垃圾袋(20cm×30cm)	各1個
13. 睫毛膠	1瓶	14. 睫毛定型液	1瓶
15. 睫毛去蛋白液	1瓶	16. 假睫毛（型號250）	1盒
17. 透氣膠帶	1個	18. 黑膠延遲杯	適量
19. 吹風球	1個	20. 棉籤	適量
21. 風扇	1個	22. 濕巾	適量
23. 面紙	適量	24. 睫毛尺寸公分卡	1組
25. 酒精棉片（或棉球）	適量	26. 眼膜	1對
27. 睫毛與睫毛刷	1組	28. 口罩	1個
29. 頭巾	1條		

七、學術科成績公布

1. 成績放榜公告日期：應考人可至PTIA網站(https://www.ptiatw.com/)查詢。

2. FB網站搜尋：PTIA（不公開社團，加入前必須回答准考證編號及姓名）。

八、合格發證

1. 凡經參加全國美睫學科及術科測試成績均及格者，經執行單位社團法人雲林縣技職教育訓練鑑定發展協會確認後，需繳交160元證照費，轉帳至

    戶名：社團法人雲林縣技職教育訓練鑑定發展協會

    郵政匯款代號：700 帳號：0301008-1249008

    確認後由雲林縣美睫眉藝造型職業工會製發（全國美睫初級合格）。

2. 凡經繳交證照費新臺幣160元整後，1個月以上仍未接獲證照時請撥打洽詢專線05-5362539。

附件一　PTIA全國美睫鑑定（初級）報名表

報檢類別	考區 / 日期			請浮貼 1 吋照片 *請寫上姓名 與報檢類別	請浮貼 1 吋照片 *請寫上姓名 與報檢類別
美睫 （初級）	北區 □　　中區 □　　　　南區 □ 日期：　　　年　　　月　　　日				

姓名	中文：		性別	身分證編號	
	英文：務必填寫				

出生日期	年	月	日	戶籍地址	□□□
				通訊地址	□□□

電話	(O)公：	E-Mail 信箱：
	(H)住：	行動：

□申請免試學科（以一次為限）	□申請免試術科（以一次為限）
身分證正面影本浮貼	團體報名使用欄 （團體單位請加蓋團體戳章）
身分證反面影本浮貼	（推薦人：　　　　　　　　　　） 單位： 地址： 聯絡人： 電話：

請將匯款單或 ATM 轉帳收據浮貼	資格審查結果	報檢資格	初審簽章
		□資格符合 □資格不符合 原因：	
			複審簽章

填 表 需 知	1. 所有欄位請依報檢資格需求完整填寫，備驗證件欄只需勾選應檢資格所備驗之證件名稱。 　　應繳驗之證件均繳交影印本即可。報名費：2200 元＋簡章 150 元☆凡報名後不可退費。 2. 匯款帳號：帳戶名稱:社團法人雲林縣技職教育訓練鑑定發展協會 　　郵政匯款代號：700　帳號：0301008-1249008

郵寄用 地址條	姓名		收件 地址	□□□-□□
郵寄用 地址條	姓名		收件 地址	□□□-□□

授證單位：雲林縣美睫眉藝造型職業工會　☆執行：社團法人雲林縣技職教育訓練鑑定發展協會收

地址：雲林縣斗六市莊敬路477號　※參加考核考生、作品將公開於臉書、網頁上供單位使用

社團法人雲林縣技職教育訓練鑑定發展協會擁有共同智慧財產權得自由免費使用。 05-5362539

附件二　換發懸掛式（初級）專業證書申請書

申請人	中文姓名		身分證字號	
	英文姓名		出生年月日	
			電話	

收件地址	□□□-□□(郵遞區號)		請浮貼 2 吋照片 *請寫上姓名與報檢類別
E-MAIL			
職類級別		初級證照編號	

*因個資法，證照上無需打身分證字號及生日請打勾□

應附證件（申請人勾選）
□1.身分證正反面影本 1 份。
□2.初級證照正面影本 1 份。
□3.彩色半身 2 吋照片 1 張。
□4.轉帳繳交證照費一張新臺幣 400 元+60 元掛號費=460 元收據正本。
★以上資料請完整填寫，資料不完整不發證。

填表須知：
1. ATM 轉帳代號：700　帳號：0301008-1249008
2. 郵寄單位：雲林縣斗六市莊敬路 477 號社團法人雲林縣技職教育訓練鑑定發展協會收

身分證正面影本浮貼處 （不可壓到身分證條碼）	身分證反面影本浮貼處 （不可壓到身分證條碼）
合格證影本正面浮貼	收據正本浮貼處

郵寄用地址條	姓名		收件地址	□□□-□□

附件三 美睫（初級）學科測試答案卷

（人工閱卷）

考生姓名：＿＿＿＿＿＿＿＿＿＿＿＿＿

准考證號碼：＿＿＿＿＿＿＿＿＿＿＿

測試日期：＿＿＿＿＿＿＿＿＿＿＿＿

作答方式

（一）每題A、B、C、D答案中有一個是標準答案，請在該題正確答案的□格內劃滿■。

（二）學科共25題，每答對一題得4分，70分為及格，請以原子筆作答，塗改不給分。

	1	2	3	4	5	6	7	8	9	10	11	12	13
A	□	□	□	□	□	□	□	□	□	□	□	□	□
B	□	□	□	□	□	□	□	□	□	□	□	□	□
C	□	□	□	□	□	□	□	□	□	□	□	□	□
D	□	□	□	□	□	□	□	□	□	□	□	□	□

	14	15	16	17	18	19	20	21	22	23	24	25
A	□	□	□	□	□	□	□	□	□	□	□	□
B	□	□	□	□	□	□	□	□	□	□	□	□
C	□	□	□	□	□	□	□	□	□	□	□	□
D	□	□	□	□	□	□	□	□	□	□	□	□

答對			初閱	複閱
答錯				
未答				

評審：

附件四　PTIA美睫（初級）成績複查申請單

申請人姓名		職類名稱		級別	
身分證字號		准考證號碼		電話	
事由	申請　　　年度　　　月　　　日□學科□術科成績複查 原始成績： 申請日期： 申請人簽名蓋章：				
檢附資料	1. □身分證明文件 2. □200元複查費 3. □貼妥掛號郵資（28元）及收件人資料之回郵信封				
申請流程	填寫本申請單→備妥檢附資料→寄至：全國美睫委員會(收)。 ※應檢人須在網路公告成績通知後 10 日內以書面申請				
備註	受理單位：社團法人雲林縣技職教育訓練鑑定發展協會 收件時間：（以郵戳為憑） 收件人員： □受理　　□逾期不受理：＿＿＿＿＿＿＿				
郵寄用地址條	姓名		收件地址	□□□-□□	

PTIA（初級）美睫顧客資料表（範例）

測試編號		測驗日期	○○○年○○月○○日
模特兒	王小美	電話	05-5362539
住址	雲林縣斗六市莊敬路 477 號		
睫毛形狀	□自然型　　　　　□眼尾加長型		
睫毛設計 長度(2%)	1. 自然型 J0.20 型號：眼頭 8mm～10mm 眼中 12mm～10mm 眼尾 8mm 2. 眼尾加長 J0.20 型號：眼頭 9mm 眼中 11mm 眼尾 13mm		
美睫後保養 注意事項(3%)	1. 美（嫁）睫後 8 小時內勿碰水　　　　　　　　　　。 2. 兩天內勿進蒸氣室或烤箱　　　　　　　　　　　　。 3. 需卸除睫毛時須找專業美睫師，切勿自行拔除　　　。		
備註	1. 日期及測驗編號未填寫者以 0 分計算。 2. 總分為 5 分。		

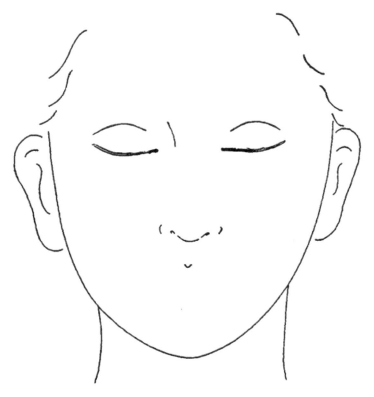

監評人員簽名：　　　　　　　分數：　　　　　　辦理單位章戳：

附件六　PTIA（初級）美睫顧客資料表

測試編號		測驗日期	年　　月　　日
模特兒		電話	
住址			
睫毛形狀	□自然型　　　　　　□眼尾加長型		
睫毛設計 長度(2%)	1. 自然型＿＿＿＿型號：眼頭＿＿＿＿　　眼中＿＿＿＿　　眼尾＿＿＿＿ 2. 眼尾加長＿＿＿＿型號：眼頭＿＿＿＿　　眼中＿＿＿＿　　眼尾＿＿＿＿		
美睫後保養 注意事項(3%)	1. ＿＿＿＿＿＿＿＿＿＿＿＿＿＿＿＿＿＿＿＿＿＿。 2. ＿＿＿＿＿＿＿＿＿＿＿＿＿＿＿＿＿＿＿＿＿＿。 3. ＿＿＿＿＿＿＿＿＿＿＿＿＿＿＿＿＿＿＿＿＿＿。		
備註	1. 日期及測驗編號未填寫者以 0 分計算。 2. 總分為 5 分。		

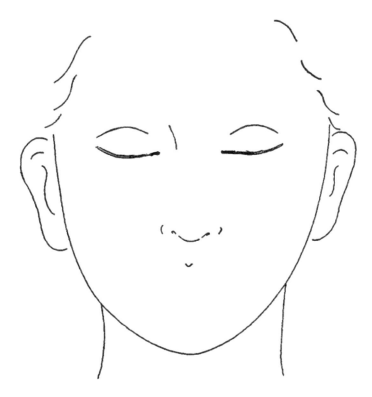

監評人員簽名：　　　　　　分數：　　　　　辦理單位章戳：

中級鑑定報名須知

一、鑑定對象與目的

（一）鑑定對象

1. 年滿15歲，從事美睫相關工作者（需教學單位或店家培訓證明）。

2. 具備相關美睫基礎能力證明，並有2年工作經驗。

3. 高中（職）以上畢業，並取得PTIA全國美睫初級證照。

（二）鑑定目的

1. 提升美睫工作者地位。

2. 給予顧客信心與保障。

二、報名相關資訊

（一）填寫報名表與報檢資料

1. 報名表請以正楷詳細填寫，並貼妥身分證影本及1吋相片（一式2張，近三個月內照片）。

2. 若報檢人曾經更改過姓名且所繳驗之證件與身分證姓名不一致者，應檢附戶籍謄本佐證。

3. 出生年月日：依國民身分證上所記載之出生年月日填寫。

4. 通信地址：退補件通知、學術科成績單與合格證件均將依此地址寄送（請務必填寫郵遞區號）。

5. 戶籍地址：請填寫戶籍地址以便日後必要時聯絡。

6. 聯絡電話：請填寫公司、住宅電話及行動電話。

7. E-MAIL：請填寫有效之電子郵件信箱。

（二）鑑定資格審查

1. 資格審查不符者以電話、簡訊、E-MAIL或書面通知，請注意所填寫之手機號碼、通信地址等聯絡資料務必正確，資格審查不符者，報名表及相關資格證件影本由承辦單位備查不退回。

2. 凡報名後申請延期請於前十日提出（限申請一次為限），逾期單位將不予受理，不予退費。

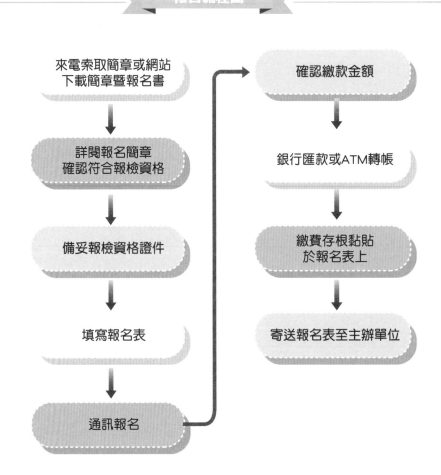

報名流程圖

來電索取簡章或網站下載簡章暨報名書
↓
詳閱報名簡章確認符合報檢資格
↓
備妥報檢資格證件
↓
填寫報名表
↓
通訊報名
→
確認繳款金額
↓
銀行匯款或ATM轉帳
↓
繳費存根黏貼於報名表上
↓
寄送報名表至主辦單位

中級測試試場、項目及時間表

PTIA全國美睫鑑定各梯次重點行事曆

日期 場次別	3月	6月	9月	12月
北區	第一週星期六	第一週星期六	第一週星期六	第一週星期六
中區	第二週星期六	第二週星期六	第二週星期六	第二週星期六
南區	第三週星期六	第三週星期六	第三週星期六	第三週星期六
花東區	第四週星期六	第四週星期六	第四週星期六	第四週星期六
報名日期	每年度 北區1/30日截止 中區2/08日截止 南區2/15日截止 東區2/22日截止	每年度 北區5/02日截止 中區5/09日截止 南區5/16日截止 東區5/23日截止	每年度 北區8/02日截止 中區8/09日截止 南區8/16日截止 東區8/23日截止	每年度 北區11/07日截止 中區11/15日截止 南區11/22日截止 東區11/29日截止

各場次測試日期：另行通知或進入以下網址查詢
http://aelee20100320.pixnet.net/blog/post/335716913

一、鑑定考核方式

（一）學科（測驗時間30分鐘）

1. 選擇40題，每題2.5分，共100分，成績70分為及格。

2. 考生用原子筆填寫答案塗改者，一律不予計分。

（二）術科（測驗時間共120分鐘）

1. 術科技術操作共分二項：

   (1) 彩睫型美睫、自然型美睫、眼尾加長型美睫三抽一（以真人模特兒操作雙眼）。

   (2) 睫毛卸除、眼部急救。

2. 術科2項單獨計分：滿分100分，成績70分為及格。

二、PTIA 美睫（中級）考核實施要點

（一）學科測試

測試項目	試題數	時間
學科	40題	30分鐘

（二）術一項目（共分二項）：第一項目（已完成初級考核）

測試項目		衛生	時間 （30分鐘）
一	眼部急救方法及操作	口述及實際動作	10分鐘
二	卸除	已完成初級嫁接假皮，睫毛卸除	20分鐘

（三）術一項目（共分二項）：第二項目（未參加初級考核），個別執行以下項目

測試項目		美睫分二階段：第一項目	時間 （60分鐘）
一	工作前準備	材料工具就位完成、填寫顧客資料表	10分鐘
二	一般型美睫	自然型美睫、眼尾加長型（二抽一）	50分鐘

（四）術二項目：工作前準備、美睫嫁接、善後清潔

測試項目		美睫分二階段：第二項目	時間 （90分鐘）
一	工作前準備	鋪床、模特兒就位、材料工具就位完成及填寫顧客資料表	10分鐘
二	三抽一美睫	彩睫型美睫、自然型美睫、眼尾加長型美睫（三抽一）	80分鐘
	善後	善後工作，於三抽一美睫完成後操作	清潔

1. 應檢人須做完每一項測試。

2. 在第一、二測試項目開始測試時，由每試場控場人員公開徵求應檢人代表各自二題中抽出一題實施測試，並作成紀錄。

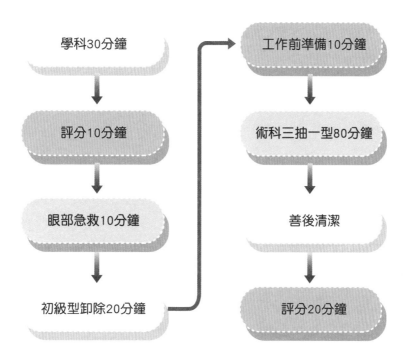

美睫工作時間流程圖

學科30分鐘 → 評分10分鐘 → 眼部急救10分鐘 → 初級型卸除20分鐘 → 工作前準備10分鐘 → 術科三抽一型80分鐘 → 善後清潔 → 評分20分鐘

三、術科評分標準說明

（一）術科

評分項目	評分內容	配分
工作前準備 30分	鋪床顧客服務動作	4
	毛巾包頭動作	3
	正確填寫顧客資料表	3
	消毒工具、雙手及戴口罩	3
	海綿清潔臉皮（額頭、眼皮、鼻子、臉頰、下巴）、吹乾	5
	正確貼眼膜及拉提上眼皮	3
	清潔液清潔睫毛、吹乾	3
	放置頭巾、放置工作臺、醒膠	6

評分項目	評分內容	配分
真人嫁接3抽1（自然型、眼尾加長型、彩睫型） 52%	選用正確合格工具（包含黑膠、白膠、睫毛修護瓶、清潔液、睫毛型號）	10
	嫁接單眼90根	10
	嫁接完吹乾、梳順	2
	嫁接完形狀是否符合主題	4
	睫毛長度排放順序、形狀對稱	5
	嫁接睫毛選用正確捲度、粗度	4
	嫁接動作熟練度	2
	正確做好睫毛保養動作	3
	整體感切合主題、乾淨度、整齊度	4
	術後眼膜是否拆除	2
	術後膠帶是否拆除	2
	彩睫顏色需4色以上（含黑色）	4
衛生行為及工作態度 18分	美睫材料（需中文標示規定）	2
	服裝儀容檢查（長髮紮起、短髮夾起）	2
	姿勢正確優美	2
	白毛巾是否丟入待消毒物品袋	2
	所戴口罩是否遮住口、鼻	2
	服裝儀容檢查（是否穿著白袍工作服）	2
	工作前消毒工具	2
	操作過程（正確使用產品及工具）	2
	所有物品歸回原位並妥善收好	2
總計		100
重大違規扣分	單眼需達90根（含），不足80根不及格，超過 120根者，1根倒扣1分	-32
	術科二工作未完成（眼膜膠帶未卸除者）	-32
	膠沾黏下睫毛或下眼皮	-32

（二）眼部急救

評分項目	評分內容	配分
衛生部分「需口述及動作」30分	穿著白袍工作服	2
	穿戴口罩	2
	手部消毒（手心→指尖→手背→指縫→指尖→手腕）	2
	手握標籤，標籤朝上	3
	打開瓶蓋，瓶蓋朝上	2
	將患者臉部傾斜	5
	用生理食鹽水由內眼角沖至外眼角，沖至不痛為止	5
	取面紙吸乾水分	2
	拿鑷子取乾淨紗布覆蓋患部	3
	取膠帶上下黏貼	2
	盡速送至眼科醫院急救	2
衛生部分（睫毛卸除）「睫毛需達50根以上、未達以0分計算」70分	鋪白色毛巾及擺放臉皮	2
	穿戴口罩	2
	手部消毒（手心→指尖→手背→指縫→指尖→手腕）	2
	貼眼膜（保護眼睛）	2
	取白色膠帶以八字黏法提拉	2
	睫毛根數需達50根以上	10
	正確卸除眼膜及膠帶	4
	是否有殘留餘毛	10
	正確使用卸除容器	4
	卸除凝膠是否清除乾淨	8
	卸除凝膠劑量是否適量	8
	卸除後睫毛是否放在紙巾上	5
	卸除後假睫毛是否脫落或移位	3
	是否還有殘餘黑膠	8
	總計	100
重大違規扣分	假人皮不得轉向	-32
	卸除睫毛須達50根以上	-32
	卸除睫毛完還有殘餘黑膠	-32
	卸除凝膠未完全清除乾淨	-32

中級考核錯誤示範

1. 膠量過多／睫毛前刺並沾膠／殘留餘毛

2. 眼膜未能服貼

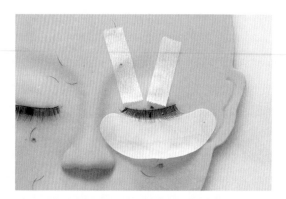

3. 長度設計錯誤

四、試場注意事項

（一）學術科測試人應於測試前30分鐘辦妥報到手續。

　　1. 攜帶身分證應檢資料

　　2. 領取准考證

　　3. 參加考試的模特兒（男、女生均可，開放有紋眼線的模特兒）

　　4. 測驗自備工具檢查

（二）應考人員服裝儀容整齊穿著符合規定的工作服，配戴術科測試號碼牌，長髮應梳理整齊並紮妥，不得配戴會干擾美睫工作進行的珠寶飾物。

（三）應考人員若有疑問，應在規定時間內就地舉手，待評審人員到達面前使得發問，不可在場內任意走動高聲談論。

（四）考核時間開始10分鐘後即不得進場，成績不予計分。

（五）應考人員不得攜帶規定（如應考人員自備器材）以外的器材入場，否則相關項目的成績不予計分。

（六）應考人員除遵守本須知所訂事項以外，應隨時注意辦理單位或評審長臨時通知的事宜。

（七）各試場測驗項目及時間分配，應考人員依組別和測驗准考證號碼就鑑定崗位依序參加測驗，如有不符，應即告知評審長處理。

（八）各測驗項目應於規定時間內完成，並依照評審長口令進行，各單項測驗不符合主題者，不予計分。

（九）測驗時間開始或停止，須依照口令進行，不得自行提前或延後。

（十）應考人員務必於通知測驗日時間內到達規定地點參加鑑定測驗，逾時以棄權論，事後不得要求或申請補行測驗及請求退費。

（十一）應考人員如有嚴重違規或作弊等情事，經評審議決並作成事實紀錄，得取消其應檢資格。

（十二）應考人員於測驗中因故要離開試場時，須經負責評審長核准，並派員陪同始可離開，時間不得超過10分鐘，並不另加給時間。

（十三）報名時未依規定報理學、術科免試者，視同報考一般考生受理，報名後不得申請更正，亦不退費。

（十四）欲申請學、術科免試者，若學、術科成績單遺失，請於報名前申請補發，以利承辦單位報名作業。

（十五）學科測驗成績或術科成績之一及格者，其成績均得保留一年，但仍須在保留期限內於各梯次辦理該職類報名時，依規定手續辦理學科或術科免試，否則視同放棄。

（十六）應考人員對於學科、術科測驗成績有異議者，應於網路公告日起算或接到成績通知單之日起十日內申請複查（郵戳為憑），以一次為限。

五、學術科測驗

（一）試場時間分配表

1. 學科測試時間：30分鐘（選擇題40題，寫完即可離場）。

2. 術科測試時間：120分鐘（分為三階段，包含工作前10分鐘、睫毛嫁接實作80分鐘、睫毛卸除20分鐘及眼部急救10分鐘）。

3. 應檢人就測試號碼依序參加測試，各試場測試項目、時間分配、應檢人分配圖如下：

時間	美睫中級測驗項目
12:30~12:50	報到時間
13:00~13:30	學科測驗
13:30~13:40	休息
13:40~15:10	術科一（睫毛嫁接實作）測驗
15:10~15:30	評審評分時間
15:30~15:40	術科二（眼部急救）測驗
15:40~16:00	術科二（睫毛卸除）測驗
16:00~16:20	評審評分時間
16:20~16:30	散場

（二）術科測試

※ 單項100分，70分以上為及格。已取得全國美睫初級證照者，可申請免試
術科一試題2）。

1. 工作前準備（測驗時間10分鐘）

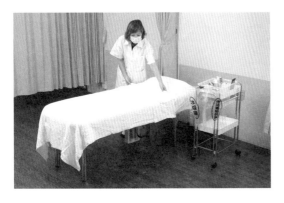

1 鋪床（鋪大、小毛巾）。

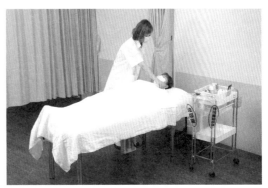

2 顧客就位。

3 包頭巾。

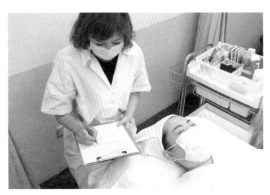

4 填寫顧客資料表。

5 清潔消毒雙手。

6 消毒器具。

7 臉部海綿清潔。

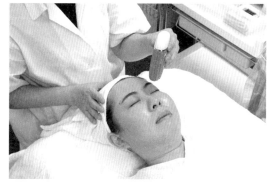

8 臉部吹乾。

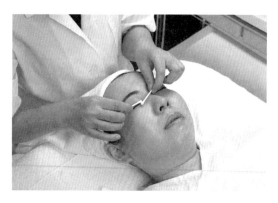

9 睫毛去蛋白拭淨。

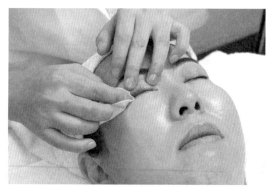

10 睫毛拭淨。

11 睫毛吹乾。

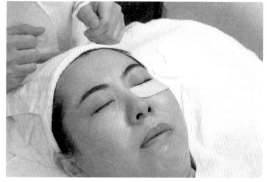

12 黏貼眼膜。

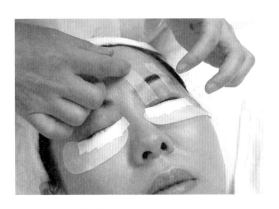

13 拉提膠帶雙眼。

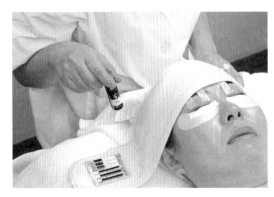

14 醒膠。

2. 術科一（睫毛嫁接實作）（測驗時間80分鐘）

(1) 彩睫型美睫、自然型美睫、眼尾加長型美睫（三抽一）。

(2) 3D嫁接單眼需達到90根（含）～120根，雙眼根數於180~240根。

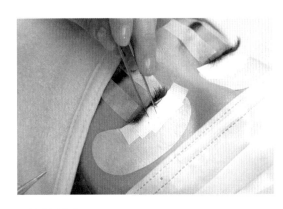

1 嫁接操作。

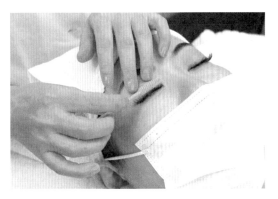

2 睫毛梳順。

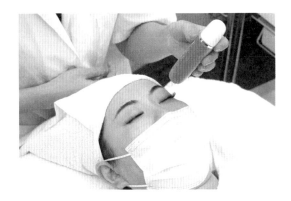

3 睫毛吹乾。

4 拆膠帶。

5 拆眼膜。

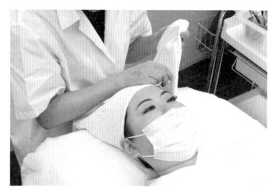

6 拆頭巾。

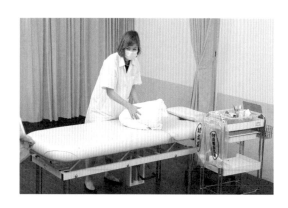

7 善後整理。

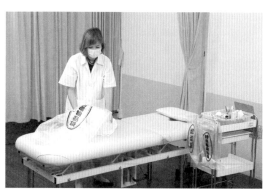

8 放進待消毒物品袋。

彩睫型美睫

1. 彩睫顏色含黑色,且須達4種顏色。

2. 每種彩睫顏色跟數需達15根以上。

3. 不得使用漸層彩睫,一律使用全彩彩睫。

4. 單眼須達80根(含),不得超過120根。

自然型美睫與眼尾加長型

1. 粗度統一規定使用0.15，捲度與長度不限。

2. 以3D接法嫁接，只能一接一。

3. 單眼須達80根（含），不得超過120根。

3. 術科二

(1) 試題1：眼部急救（測驗時間10分鐘）

　　A. 考生抽籤決定左眼或右眼，再進行操作。

　　B. 考生進場時口述：報告評審，我是考生○○號，首先我要進行眼部急救。

1-1 手部消毒：手心。

1-2 手部消毒：手背。

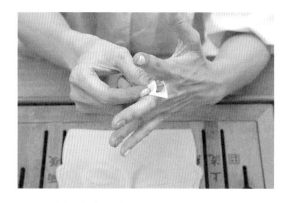

1-3 手部消毒：指縫。

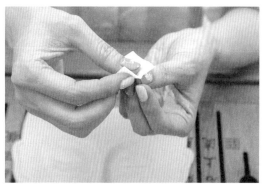

1-4 手部消毒：指尖。

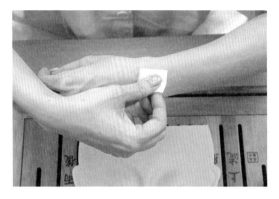

1-5 手部消毒：手腕。

2 取食鹽水。

3 手握標籤，標籤朝上。

4 取下瓶蓋。

5 蓋口朝上。

6 左眼受傷（健側在上，傷側在下）。

7 由內眼角沖至外眼角。

8 沖至不痛為止。

9 蓋上瓶蓋。

10 取面紙吸乾水分。

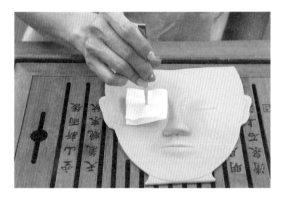

11 取紗布覆蓋患處。

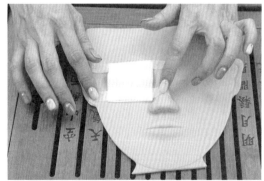

12 取膠帶上下固定。

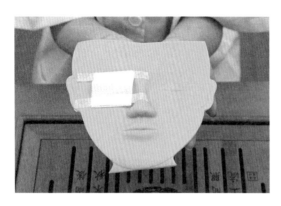

13 立即送至眼科醫院急救。

1. 需實際動作加口述。

2. 切勿轉動假皮。

3. 膠帶黏貼方式。

(2) 試題2：初級一般型

二選一主題測試：自然型、眼尾加長型。

(3) 試題3：睫毛卸除（測驗時間20分鐘）

考生請自備假皮，已完成的一般型睫毛作品須達50根以上。

1 放置毛巾。

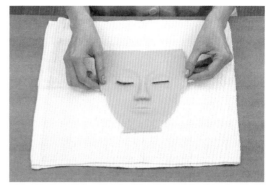

2 放置臉皮。

3-1 消毒雙手：手心。

3-2 消毒雙手：手背。

3-3 消毒雙手：指縫。

3-4 消毒雙手：指尖。

3-5 消毒雙手：手腕。

4 黏貼眼膜。

5 拉提膠帶。

6 用棉籤取適量卸除凝膠。

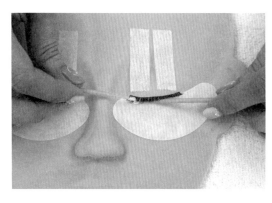

7 至睫毛上進行卸除。

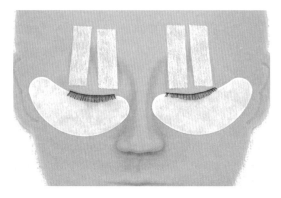

8 卸除完畢。

9 取睫毛清潔液。

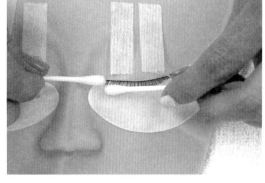

10 清洗睫毛。

11 吹乾。

12 拆膠帶及眼膜。

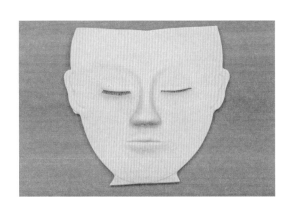

13 卸除操作完畢。

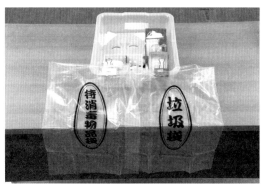

14 卸除工具擺放圖。

1. 須完全卸除乾淨，無殘膠殘毛。

2. 凝膠須完全擦拭乾淨。

3. 動作輕且順暢，不可使用夾子。

六、應考人自備器具

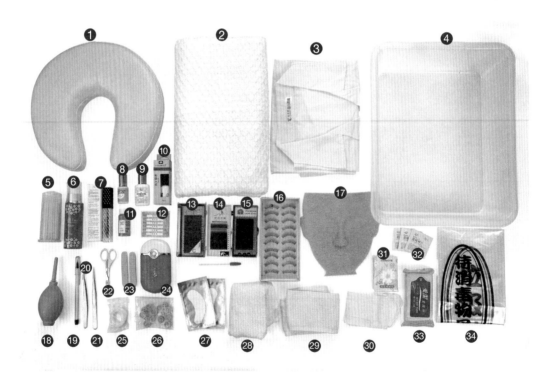

工具	數量	工具	數量
1. 頭枕	1個	2. 大浴巾	2條
3. 工作服（素色）	1件	4. 白色籃子	1個
5. 棉籤	適量	6. 睫毛去蛋白液	1瓶
7. 睫毛定型液	1瓶	8. 黑膠	1瓶

工具	數量	工具	數量
9. 睫毛卸除液	1瓶	10. 睫毛膠	1瓶
11. 工具清潔液	1瓶	12. 睫毛尺寸公分卡	1組
13. 0.15尺寸綜合睫毛	1組	14. 彩色綜合睫毛	1組
15. 睫毛與睫毛刷	1組	16. 假睫毛（型號250）	1盒
17. PTIA專用假皮	1張	18. 吹風球	1個
19. 原子筆	1支	20. 彎夾	1支
21. 直夾	1支	22. 小剪刀	1支
23. 洗臉海綿	2片	24. 風扇	1個
25. 透氣膠帶	1個	26. 黑膠延遲杯	適量
27. 眼膜	適量	28. 小毛巾（素色，放置假皮用）	2條
29. 頭巾	1條	30. 口罩	1個
31. 面紙	適量	32. 酒精棉片（或棉球）	適量
33. 濕巾	適量	34. 待消毒物品袋(20cm×30cm) 垃圾袋(20cm×30cm)	各1個

七、學術科成績公布

1. 成績放榜公告日期：應考人可至PTIA網站(https://www.ptiatw.com/)查詢。

2. FB網站搜尋：PTIA（不公開社團，加入前必須回答准考證編號及姓名）。

八、合格發證

1. 凡經參加全國美睫學科及術科測試成績均及格者，經執行單位社團法人雲林縣技職教育訓練鑑定發展協會確認後，需繳交160元證照費，轉帳至

   戶名：社團法人雲林縣技職教育訓練鑑定發展協會

   郵政匯款代號：700　帳號：0301008-1249008

   確認後由雲林縣美睫眉藝造型職業工會製發（全國美睫中級合格）。

2. 凡經繳交證照費新臺幣160元整後，1個月以上仍未接獲證照時請撥打洽詢專線05-5362539。

附件一　**PTIA全國美睫鑑定（中級）報名表**

PTIA 全國美睫鑑定(中級) 報名表				照片 1 請浮貼 1 吋照片 合格證書使用 ＊請寫上姓名與 報檢類別
報名序號(考生請勿填寫)		報檢類別	報名場地與日期	
		美睫中級	□北部　□中部　□南部 日期：　　年　　月　　日	
姓名	(中文)	性別	國民身分證字號	照片 2 請浮貼 1 吋照片 合格證書使用 ＊請寫上姓名與 報檢類別
姓名	(英文)			
出生 日期	年　　月　　日	E-MAIL 信箱		
電話	住家	戶籍地址	□□□	
	行動	通訊地址	□□□	
學歷	學校名稱	系科別	在學起迄年月 　年　月至　年　月	修業狀況 □畢業□肄業

申請美睫中級免試(術科一)相關證照：
免試美睫證照: 全國□美睫 (初級)證明
申請複考：　　　　□ 學科複考　□術科複考

持有免試衛生相關證照黏貼處 (正面)	持有免試衛生相關證照黏貼處 (反面)
國民身分證影印本黏貼處(正面) (本國人限貼身分證影本) (外僑請貼外僑居留證影本) (大陸地區配偶請貼長期居留證影本)	國民身分證影印本黏貼處(反面)

填表須知：報名費 3600+150 元簡章共 3750 元
⊙凡報名後考試前 10 日提出異動(限申請一次)不予退費。
一、填表請用正楷且不得用鉛筆書寫。二、所有欄位請依報檢職類資格需求完整填寫。
三、應繳驗之證件均繳交影印本即可。四、匯款銀行&ATM 轉帳:
郵局代號:700 帳號:0301008 1249008 戶名:社團法人雲林縣技職教育訓練鑑定發展協會

	報檢資格	初審簽章
請將匯款單或 ATM 轉帳收據浮貼	□資格符合	
	□資格不符合 原因：	審查結果簽章

郵寄用 地址條	報檢人 姓名		收件 地址	□□□-□□
郵寄用 地址條	報檢人 姓名		收件 地址	□□□-□□

授證單位：雲林縣美睫眉藝造型職業工會　洽詢專線 05-5362539

執行單位：社團法人雲林縣技職教育訓練鑑定發展協會回寄地址：雲林縣斗六市莊敬路 477 號

附件二　換發懸掛式（中級）專業證書申請書

申請人	中文姓名		身分證字號		
	英文姓名		出生年月日		
			電話		

收件地址	□□□-□□(郵遞區號)
E-MAIL	
職類級別			初級證照編號	

請浮貼 2 吋照片

*請寫上姓名與報檢類別

*因個資法，證照上無需打身分證字號及生日請打勾□

應附證件（申請人勾選）
□1.身分證正反面影本 1 份。
□2.初級證照正面影本 1 份。
□3.彩色半身 2 吋照片 1 張。
□4.轉帳繳交證照費一張新臺幣 400 元+60 元掛號費=460 元收據正本。
★以上資料請完整填寫，資料不完整不發證。

填表須知：
1. ATM 轉帳代號：700　帳號：0301008-1249008
2. 郵寄單位：雲林縣斗六市莊敬路 477 號社團法人雲林縣技職教育訓練鑑定發展協會收

身分證正面影本浮貼處 （不可壓到身分證條碼）	身分證反面影本浮貼處 （不可壓到身分證條碼）
合格證影本正面浮貼	收據正本浮貼處

| 郵寄用地址條 | 姓名 | | 收件地址 | □□□-□□ |

附件三　美睫（中級）學科測試答案卷

（人工閱卷）

考生姓名：＿＿＿＿＿＿＿＿＿＿＿＿＿＿

准考證號碼：＿＿＿＿＿＿＿＿＿＿＿＿

測試日期：＿＿＿＿＿＿＿＿＿＿＿＿＿

作答方式

（一）每題A、B、C、D答案中有一個是標準答案，請在該題正確答案的□
　　　格內劃滿■。

（二）學科共40題，每答對一題得2.5分，70分為及格，請以原子筆作答，塗
　　　改不給分。

	1	2	3	4	5	6	7	8	9	10	11	12	13	14	15	16	17	18	19	20
A	□	□	□	□	□	□	□	□	□	□	□	□	□	□	□	□	□	□	□	□
B	□	□	□	□	□	□	□	□	□	□	□	□	□	□	□	□	□	□	□	□
C	□	□	□	□	□	□	□	□	□	□	□	□	□	□	□	□	□	□	□	□
D	□	□	□	□	□	□	□	□	□	□	□	□	□	□	□	□	□	□	□	□

	21	22	23	24	25	26	27	28	29	30	31	32	33	34	35	36	37	38	39	40
A	□	□	□	□	□	□	□	□	□	□	□	□	□	□	□	□	□	□	□	□
B	□	□	□	□	□	□	□	□	□	□	□	□	□	□	□	□	□	□	□	□
C	□	□	□	□	□	□	□	□	□	□	□	□	□	□	□	□	□	□	□	□
D	□	□	□	□	□	□	□	□	□	□	□	□	□	□	□	□	□	□	□	□

答對			初閱	複閱
答錯				
未答				

評審：

附件四　美睫（中級）成績複查申請單

申請人姓名		職類名稱		級別	
身分證 字號		准考證 號碼		電話	
事由	申請　　　年度　　　月　　　日□學科□術科成績複查 原始成績： 申請日期： 申請人簽名蓋章：				
檢附資料	1. □身分證明文件 2. □200 元複查費 3. □貼妥掛號郵資（28 元）及收件人資料之回郵信封				
申請流程	填寫本申請單→備妥檢附資料→寄至：全國美睫委員會(收)。 ※應檢人須在網路公告成績通知後 10 日內以書面申請				
備註	受理單位：社團法人雲林縣技職教育訓練鑑定發展協會 收件時間：（以郵戳為憑） 收件人員： □受理　　□逾期不受理：_____				
郵寄用 地址條	姓 名		收件 地址	□□□-□□	

附件五　美睫（中級）顧客資料表（範例）

測試編號		測驗日期	○○○年○○月○○日
模特兒	王小美	電話	05-5362539
住址	雲林縣斗六市莊敬路 477 號		
睫毛形狀	□自然型　　　　　□眼尾加長型　　　　　□彩睫		
睫毛設計 長度(2%)	1. 自然型 J0.15 型號：眼頭 8mm~10mm　眼中 12mm~10mm　眼尾 8mm 2. 眼尾加長 J0.15 型號：眼頭 9mm　　眼中 11mm　　眼尾 13mm 3. 彩睫 J0.15 型號：眼頭 黑 9mm~藍 10mm 　　　　　　　　　　　眼中 紫 11mm~紅 12mm 　　　　　　　　　　　眼尾 綠 13mm 　　　　　　　　　　（彩睫顏色及長度需標示清楚）		
美睫後保養 注意事項(3%)	1. 美（嫁）睫後 8 小時內勿碰水　　　　　　　　　　　　　　。 2. 兩天內勿進蒸氣室或烤箱　　　　　　　　　　　　　　　。 3. 需卸除睫毛時須找專業美睫師，切勿自行拔除　　　　　　。		
備註	1. 日期及測驗編號未填寫者以 0 分計算。 2. 總分為 5 分。		

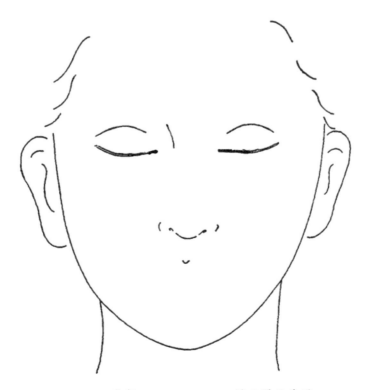

監評人員簽名：　　　　　　分數：　　　　　辦理單位章戳：

附件六　美睫（中級）顧客資料表

測試編號		測驗日期	年　　月　　日
模特兒		電話	
住址			
睫毛形狀	□自然型　　　　□眼尾加長型　　　　□彩睫		
睫毛設計 長度(2%)	1. 自然型 J0.15 型號：眼頭　　　　眼中　　　　眼尾 2. 眼尾加長 J0.15 型號：眼頭　　　　眼中　　　　眼尾 3. 彩睫　J0.15 型號：眼頭＿＿＿＿＿＿＿＿＿＿ 　　　　　　　　　　眼中＿＿＿＿＿＿＿＿＿＿ 　　　　　　　　　　眼尾＿＿＿＿＿＿＿＿＿＿ 　　　　　　　（彩睫顏色及長度需標示清楚）		
美睫後保養 注意事項(3%)	1. ＿＿＿＿＿＿＿＿＿＿＿＿＿＿＿＿＿。 2. ＿＿＿＿＿＿＿＿＿＿＿＿＿＿＿＿＿。 3. ＿＿＿＿＿＿＿＿＿＿＿＿＿＿＿＿＿。		
備註	1. 日期及測驗編號未填寫者以 0 分計算。 2. 總分為 5 分。		

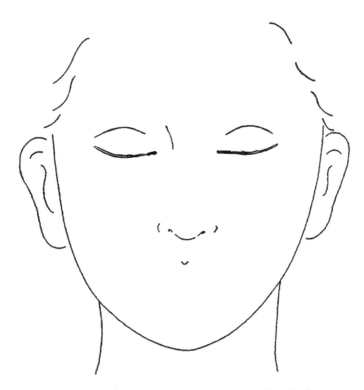

監評人員簽名：　　　　　　分數：　　　　　辦理單位章戳：

嫁接睫毛
作業練習紙

直線練習

Star　　　　　　　　　　　　　　　　　　　　　　　　　　　**End**

____ ：｜｜｜｜｜｜｜｜｜｜｜｜｜｜｜｜｜｜｜｜｜｜｜｜｜｜｜｜｜｜｜｜｜｜： ____

____ ：｜｜｜｜｜｜｜｜｜｜｜｜｜｜｜｜｜｜｜｜｜｜｜｜｜｜｜｜｜｜｜｜｜： ____

____ ：｜｜｜｜｜｜｜｜｜｜｜｜｜｜｜｜｜｜｜｜｜｜｜｜｜｜｜｜｜｜｜｜｜｜｜： ____

____ ：＿＿＿＿＿＿＿＿＿＿＿＿＿＿＿＿＿＿＿＿＿＿＿＿＿＿＿＿＿＿＿： ____

____ ：＿＿＿＿＿＿＿＿＿＿＿＿＿＿＿＿＿＿＿＿＿＿＿＿＿＿＿＿＿＿＿： ____

____ ：＿＿＿＿＿＿＿＿＿＿＿＿＿＿＿＿＿＿＿＿＿＿＿＿＿＿＿＿＿＿＿： ____

弧線練習

嫁接請由左眼至右眼

雙眼100根　嫁接時間　分　秒　　　　　雙眼100根　嫁接時間　分　秒

雙眼150根　嫁接時間　分　秒　　　　　雙眼150根　嫁接時間　分　秒

CHAPTER *04*

作品欣賞

林貝容

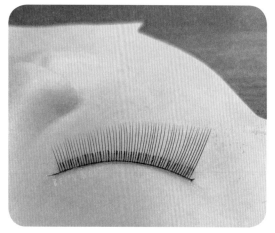

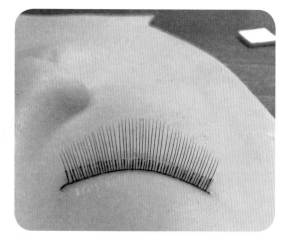

美睫初級：眼尾加長型美睫3D嫁接。

美睫初級：自然型美睫3D嫁接。

李幸珊

多根式微笑線美睫作品。

多根式扇形美睫作品。

林淑瑛 .... 老師

小眼尾，以山茶花0.07嫁接。

圓眼，以3D自然扇型款嫁接。

王楚雯 .... 老師

多根式嫁接：眼尾加長款

適合自身眼型偏圓，有將眼型拉長的效果。

多根式嫁接：眼中長款

將整體眼型弧度變得偏圓，自然放大。

陳威妗　　　　　　　　　　　　　　　　　　　　老師

大圓眼，以6D開花自然型款嫁接。

大圓眼，以6D開花眼尾加長型款嫁接。

潘雅紋　　　　　　　　　　　　　　　　　　　　老師

此款為極細的0.07粗度睫毛，舒適感輕盈，多根式的嫁接創造蓬鬆感，長短有層次的搭配毛尖端呈現萌濃感。

單根式的嫁接，線條感根根分明，眼尾加長型的排列，像是在眼尾勾勒出嫵媚般眼線的感覺。

黃 雅 綉 .... 老師

圓眼，以6D開花眼尾加長型款嫁接。　細長眼型，以6D開花自然型款嫁接。

吳 育 諄 .... 老師

完美的嫁接睫毛，需以顧客的睫毛生長方向，分層高度，選擇適合的長度與捲度，呈現出完美的扇形，再以6D等距開花方式，創造出蓬鬆感。

下垂睫毛，使用調整嫁接方式，將原生毛往上提拉，創造出更有精神又有眼線感的眼睛。

馮適華

焦糖色與黑色睫毛的創意搭配，讓眼神溫柔的同時，又呈現出睫毛的存仕感，是時尚與美麗兼具的設計。

新式Y型睫毛，強化出根部濃黑眼線跟毛尖線條感，同時擁有單根及開花技法的優點。

楊右琳

 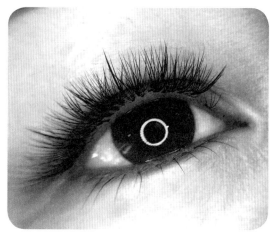

調整短眼的性感尾長設計自然開花款，展現出裸妝自然風格。

閃耀光芒星，體現睫毛線條協調的美感創造巨星般的魅力。

羅佳馨

若隱若現的漸層色彩睫,給喜歡有變化性又不想太高調的顧客,也很適合在特殊節日來點不一樣的選擇。

特殊款式的睫毛,交錯型成編織感,整齊有規則的排列是許多人的喜好!咖啡色既濃密又不失柔和感。

李宇晴

運用多種尺寸調整眼型,渾圓的眼睛透過眼尾微拉,眼睛變得比較柔和。

選擇適合亞洲人的拿鐵(咖啡色),自帶眼神柔和感。

李昀憬

眼型微微下垂，以6D開花娃娃款嫁接。

上揚眼型以微調6D優雅款嫁接。

李翠倫

讓妳的美盡收眼底，6D漸層紫＋下睫毛美豔讓妳看得見。

妝點妳的眼眸，散發自信魅力。YY毛款維持度讓妳出乎意外。

陳 鳳 珠　老師

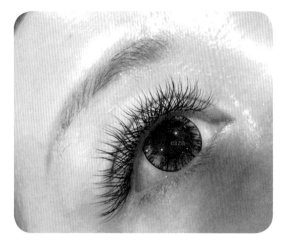

0.07排毛6D美睫松鼠眼款式，創造生動電眼正妹。

選用Y毛0.07尾長款式，讓凸凸眼柔和，打造迷濛的神情。

卓 雪 婷　老師

是以一根真睫毛上嫁接一根假睫毛，以一搭一的嫁接手法，需根據不同的眼型去設計搭配美睫造型，這樣的嫁接方式讓睫毛嫁接完後不會有異物感，自然輕柔無負擔。

是以一根真睫毛上嫁接一根假睫毛，以一搭一的嫁接手法，需根據不同的眼型去設計搭配美睫造型，這樣的嫁接方式讓睫毛嫁接完後不會有異物感，自然輕柔無負擔。

陳鶴文 ·· 老師

客人都是護理師與學生居多，因為職業關係沒辦法做太濃密的睫毛，因此幫她們設計日式輕眼妝的效果，可以節省上妝的時間，也不會讓眼睛感覺厚重。

客人都是護理師與學生居多，因為職業關係沒辦法做太濃密的睫毛，因此幫她們設計日式輕眼妝的效果，可以節省上妝的時間，也不會讓眼睛感覺厚重。

翁曉薇 ·· 老師

使用米蘿雪舞系列睫毛，用13mm打底較長的部分，再用9~11mm的長度去排列眼中長的眼型（閉眼）。

使用米蘿雪舞系列睫毛，用13mm打底較長的部分，再用9~11mm的長度去排列眼中長的眼型（睜眼）。

陳 佳 勵　　　　　　　　　　　　　　　　　　　　老師

3D濃密型+下睫毛：這是市面上最普遍的3D單根C捲（50度）作品。
運用1接1的技巧，主要長度是11mm，過瞳孔後急縮長度到8，客人張開眼睛就會呈現完美又優雅的睫毛弧度。

3D自然型：這是使用比較不普遍的3D-J型（25度左右）作品。
客人訴求自然帶有眼線感，故配了只比真睫毛捲一點點的J型，主要長度為12mm，眼尾做11mm，待客人睜開眼睛即呈現清新優雅眼線感的雙眼。

黃 京 琪　　　　　　　　　　　　　　　　　　　　老師

具有根根分明的效果，使用 0.10mm 細度的睫毛，運用專業技術將一或兩根假睫毛嫁接在健康真睫上。
假睫毛距離眼皮0.1cm，根根分明不糾結不沾黏，又稱日式無感接睫。

具有細緻綻放的效果，使用 0.04~0.07mm 細度的睫毛，運用專業開花技術使多根假睫毛成扇形，仍舊輕盈無負擔。

詹 雅 婷 老師

了解顧客需求，選擇適合的毛款類別，利用長度與捲度，搭配手工6D開花法，打造出完美扇形，呈現迷人的眼線感與濃密度。

利用毛款上的選擇，原先較銳利眼神經微調後呈現柔和感，再以6D手工開花法創造出完美的蓬鬆度，創造獨一無二的美。

魏 文 慧 老師

韓系微妝感，鬱金香睫毛設計。

完美芭比娃娃大眼嫁接，柔軟水貂毛。

陳靜榆 .... 老師

使用喵小姐系列0.07C卷，用12mm放在眼中的部位，再用10到8mm的長度去排列眼中到眼頭和眼中眼尾的眼型。

使用喵小姐系列0.07C卷，用12mm放在眼中的部位，再用10到8mm的長度去排列眼中到眼頭和眼中眼尾的眼型。

許玳萱 .... 老師

眼尾長（小飛揚），D卷8.9.10.11，Y型毛。

眼中長，C卷9.10.11.10.9，0.07開花毛。

曾夙均

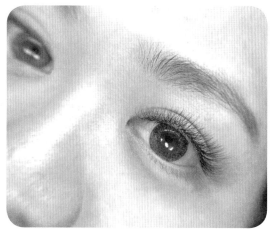

手工6D多層次睫毛+下睫毛，不同於傳統的6D，多了層次感，呈現自然的魅力。

手工6D多層次嫁接+下睫毛，呈現有神的魅力。

張雯馨

夢幻6D開花技法

眼型：眼尾加長型

根數：1000根（單眼500根）

毛質：0.07

翹度：C

極光美人魚（Y毛3D技法）

眼型：眼尾加長型

根數：800根（單眼400根）

毛質：0.07

翹度：C

6D YY睫毛

用4根0.07睫毛製作成一個Y型特殊毛！

可以填補睫毛空洞，也可以搭配穿插在單根或開花嫁接裡面增加濃密度。

6D 濃密長眼眼線款

以0.7毛開花4~6根，眼頭短中後眼尾加長，不用上妝就有眼線的效果。

3D美睫嫁接

3D美睫技術為在原本的真睫毛上以1根真睫毛嫁接1~2根假睫毛，來達到延長、捲翹之效果。

6D美睫嫁接

粗細度0.07嫁接出花朵蓬鬆的感覺，毛質細軟舒適度高。

M E M O

CHAPTER *05*

PTIA美睫鑑定學科題庫

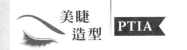

5-1 共同科目

各職類共同科目

【職業安全衛生】

（ C ）1. 依勞動基準法規定，雇主應置備勞工工資清冊並應保存幾年？ (A)1年 (B)2年 (C)5年 (D)10年。

（ D ）2. 事業單位僱用勞工多少人以上者，應依勞動基準法規定訂立工作規則？ (A)200人 (B)100人 (C)50人 (D)30人。

（ C ）3. 勞工工作時右手嚴重受傷，住院醫療期間公司應按下列何者給予職業災害補償？ (A)前6個月平均工資 (B)前1年平均工資 (C)原領工資 (D)基本工資。

（ D ）4. 依職業安全衛生教育訓練規則規定，新僱勞工所接受之一般安全衛生教育訓練，不得少於幾小時？ (A)0.5 (B)1 (C)2 (D)3。

（ B ）5. 職業災害勞工保護法之立法目的為保障職業災害勞工之權益，以加強下列何者之預防？ (A)公害 (B)職業災害 (C)交通事故 (D)環境汙染。

（ A ）6. 職業上危害因子所引起的勞工疾病，稱為何種疾病？ (A)職業疾病 (B)法定傳染病 (C)流行性疾病 (D)遺傳性疾病。

（ B ）7. 預防職業病最根本的措施為何？ (A)實施特殊健康檢查 (B)實施作業環境改善 (C)實施定期健康檢查 (D)實施僱用前體格檢查。

（ B ）8. 工作場所化學性有害物進入人體最常見路徑為下列何者？ (A)口腔 (B)呼吸道 (C)皮膚 (D)眼睛。

（ D ）9. 我國職業災害勞工保護法，適用之對象為何？ (A)未投保健康保險之勞工 (B)未參加團體保險之勞工 (C)失業勞工 (D)未加入勞工保險而遭遇職業災害之勞工。

（ C ）10. 以下何者是消除職業病發生率之源頭管理對策？ (A)使用個人防護具 (B)健康檢查 (C)改善作業環境 (D)多運動。

（ C ）11. 下列有關工作場所安全衛生之敘述何者有誤？ (A)對於勞工從事其身體或衣著有被汙染之虞之特殊作業時，應置備該勞工洗眼、洗澡、漱口、更衣、洗濯等設備 (B)事業單位應備置足夠急救藥品及器材 (C)事業單位應備置足夠的零食自動販賣機 (D)勞工應定期接受健康檢查。

（C）12. 眼內噴入化學物或其他異物，應立即使用下列何者沖洗眼睛？ (A)牛奶 (B)蘇打水 (C)清水 (D)稀釋的醋。

【工作倫理與職業道德】

（D）1. 個資法為保護當事人權益，多少位以上的當事人提出告訴，就可以進行團體訴訟？ (A)5人 (B)10人 (C)15人 (D)20人。

（C）2. 對於依照個人資料保護法應告知之事項，下列何者不在法定應告知的事項內？ (A)個人資料利用之期間、地區、對象及方式 (B)蒐集之目的 (C)蒐集機關的負責人姓名 (D)如拒絕提供或提供不正確個人資料將造成之影響。

（B）3. 請問下列何者非為個人資料保護法第3條所規範之當事人權利？ (A)查詢或請求閱覽 (B)請求刪除他人之資料 (C)請求補充或更正 (D)請求停止蒐集、處理或利用。

（A）4. 下列關於營業祕密的敘述，何者不正確？ (A)受僱人於非職務上研究或開發之營業祕密，仍歸僱用人所有 (B)營業祕密不得為質權及強制執行之標的 (C)營業祕密所有人得授權他人使用其營業祕密 (D)營業祕密得全部或部分讓與他人或與他人共有。

（C）5. 營業祕密可分為「技術機密」與「商業機密」，下列何者屬於「商業機密」？ (A)程式 (B)設計圖 (C)客戶名單 (D)生產製程。

（C）6. 故意侵害他人之營業祕密，法院因被害人之請求，最高得酌定損害額幾倍之賠償？ (A)1倍 (B)2倍 (C)3倍 (D)4倍。

（D）7. 所謂營業祕密，係指方法、技術、製程、配方、程式、設計或其他可用於生產、銷售或經營之資訊，但其保障所需符合的要件不包括下列何者？ (A)因其祕密性而具有實際之經濟價值者 (B)所有人已採取合理之保密措施者 (C)因其祕密性而具有潛在之經濟價值者 (D)一般涉及該類資訊之人所知者。

（A）8. 公司負責人為了要節省開銷，將員工薪資以高報低來投保全民健保及勞保，是觸犯了刑法上之何種罪刑？ (A)詐欺罪 (B)侵占罪 (C)背信罪 (D)工商祕密罪。

（D）9. 我國制定何法以保護刑事案件之證人，使其勇於出面作證，俾利犯罪之偵查、審判？ (A)貪汙治罪條例 (B)刑事訴訟法 (C)行政程序法 (D)證人保護法。

（A）10.下列何者「不」屬於職業素養的範疇？ (A)獲利能力 (B)正確的職業價值觀 (C)職業知識技能 (D)良好的職業行為習慣。

（ C ）11. 身為專業技術工作人士，應以何種認知及態度服務客戶？　(A)若客戶不了解，就盡量減少成本支出，抬高報價　(B)遇到維修問題，盡量拖過保固期　(C)主動告知可能碰到問題及預防方法　(D)隨著個人心情來提供服務的內容及品質。

（ B ）12. 因為工作本身需要高度專業技術及知識，所以在對客戶服務時應　(A)不用理會顧客的意見　(B)保持親切、真誠、客戶至上的態度　(C)若價錢較低，就敷衍了事　(D)以專業機密為由，不用對客戶說明及解釋。

（ B ）13. 從事專業性工作，在與客戶約定時間應　(A)保持彈性，任意調整　(B)盡可能準時，依約定時間完成工作　(C)能拖就拖，能改就改　(D)自己方便就好，不必理會客戶的要求。

（ A ）14. 從事專業性工作，在服務顧客時應有的態度是　(A)選擇最安全、經濟及有效的方法完成工作　(B)選擇工時較長、獲利較多的方法服務客戶　(C)為了降低成本，可以降低安全標準　(D)不必顧及雇主和顧客的立場。

（ C ）15. 筱珮要離職了，公司主管交代，她要做業務上的交接，她該怎麼辦？　(A)不用理它，反正都要離開公司了　(B)把以前的業務資料都刪除或設密碼，讓別人都打不開　(C)應該將承辦業務整理歸檔清楚，並且留下聯絡的方式，未來有問題可以詢問她　(D)盡量交接，如果離職日一到，就不關他的事。

【環境保護】

（ A ）1. 世界環境日是在每一年的　(A)6月5日　(B)4月10日　(C)3月8日　(D)11月12日。

（ B ）2. 下列哪一種飲食習慣能減碳抗暖化？　(A)多吃速食　(B)多吃天然蔬果　(C)多吃牛肉　(D)多選擇吃到飽的餐館。

（ A ）3. 下列何者為環保標章？

(A)　　(B)　　(C)　　(D)。

（ B ）4. 綠色設計主要為節能、生態與下列何者？　(A)生產成本低廉的產品　(B)表示健康的、安全的商品　(C)售價低廉易購買的商品　(D)包裝紙一定要用綠色系統者。

（ D ）5. 下列何者是室內空氣汙染物之來源：A. 使用殺蟲劑；B. 使用雷射印表機；C. 在室內抽菸；D. 戶外的汙染物飄進室內？　(A)ABC　(B)BCD　(C)ACD　(D)ABCD。

（B）6. 臺灣自來水之水源主要取自　(A)海洋的水　(B)河川及水庫的水　(C)綠洲的水
(D)灌溉渠道的水。

（B）7. 家裡有過期的藥品，請問這些藥品要如何處理？　(A)倒入馬桶沖掉　(B)交由
藥局回收　(C)繼續服用　(D)送給相同疾病的朋友。

（B）8. 每個人日常生活皆會產生垃圾，下列何種處理垃圾的觀念與方式是不正確的？
(A)垃圾分類，使資源回收再利用　(B)所有垃圾皆掩埋處理，垃圾將會自然分
解　(C)廚餘回收堆肥後製成肥料　(D)可燃性垃圾經焚化燃燒可有效減少垃圾
體積。

【節能減碳】

（B）1. 下列何者為節能標章？

(A)　(B)　(C)　(D)。

（C）2. 經濟部能源局的能源效率標示分為幾個等級？　(A)1　(B)3　(C)5　(D)7。

（C）3. 下列何者不是全球暖化帶來的影響？　(A)洪水　(B)熱浪　(C)地震　(D)旱災。

（A）4. 一旦大氣中的二氧化碳含量增加，會引起哪一種後果？　(A)溫室效應惡化
(B)臭氧層破洞　(C)冰期來臨　(D)海平面下降。

（D）5. 下列何者不是能源之類型？　(A)電力　(B)壓縮空氣　(C)蒸汽　(D)熱傳。

（A）6. 基於節能減碳的目標，下列何種光源發光效率最低，不鼓勵使用？　(A)白熾燈
泡　(B)LED燈泡　(C)省電燈泡　(D)螢光燈管。

（B）7. 下列何者是造成聖嬰現象發生的主要原因？　(A)臭氧層破洞　(B)溫室效應
(C)霧霾　(D)颱風。

（D）8. 洗菜水、洗碗水、洗衣水、洗澡水等的清洗水，不可直接利用來做什麼用途？
(A)洗地板　(B)沖馬桶　(C)澆花　(D)飲用水。

（C）9. 臺灣在一年中什麼時期會比較缺水（即枯水期）？　(A)6月至9月　(B)9月至12
月　(C)11月至次年4月　(D)臺灣全年不缺水。

（D）10.自來水淨水步驟，何者為非？　(A)混凝　(B)沉澱　(C)過濾　(D)煮沸。

【食品安全衛生】

（A）1. 食品從業人員經醫師診斷罹患下列哪些疾病不得從事與食品接觸之工作：A. 手部皮膚病；B. 愛滋病；C. 高血壓；D. 結核病；E. 梅毒；F. A型肝炎；G. 出疹；H. B型肝炎；I. 胃潰瘍；J. 傷寒 (A)ADFGJ (B)BDFHJ (C)ADEFJ (D)DEFIJ。

（B）2. 洗手之衛生，下列何者正確？ (A)手上沒有汙垢就可以不用洗手 (B)洗手是預防交叉汙染最好的方法 (C)洗淨雙手是忙碌時可以忽略的一個步驟 (D)戴手套之前可以不用洗手。

（C）3. 正確的手部消毒酒精的濃度為 (A)90~100% (B)80~90% (C)70~75% (D)50~60%。

（A）4. 下列哪一項是針對器具加熱消毒殺菌法的優點？ (A)無殘留化學藥劑 (B)好用方便 (C)具滲透性 (D)設備價格低廉。

（D）5. 毛巾抹布之煮沸殺菌，係以溫度100℃的沸水煮沸幾分鐘以上？ (A)1分鐘 (B)3分鐘 (C)4分鐘 (D)5分鐘。

（B）6. 杯皿的清洗程序是 (A)清水沖洗→洗潔劑→消毒液→晾乾 (B)洗潔劑→清水沖洗→消毒液→晾乾 (C)洗潔劑→消毒液→清水沖洗→晾乾 (D)消毒液→洗潔劑→清水沖洗→晾乾。

（B）7. 清洗玻璃杯一般均使用何種消毒液殺菌？ (A)清潔藥水 (B)漂白水 (C)清潔劑 (D)肥皂粉。

（B）8. 將所有細菌完全殺滅使成為無菌狀態，稱之 (A)消毒 (B)滅菌 (C)巴斯德殺菌 (D)商業滅菌。

（A）9. 一般手洗容器具時，下列何者適當？ (A)使用中性洗劑清洗 (B)使用鋼刷用力刷洗 (C)使用酸性洗劑清洗 (D)使用鹼性洗劑清洗。

美容乙級技能鑑定學科

【管理】

（C）1. 美容業的經營理念宜著重 (A)短期的經營 (B)個人的經營 (C)公司與顧客關係 (D)價格折扣的促銷活動。

（C）2. 大型企業必須有精密的分工，每件工作才會有專人負責，以使 (A)工作 (B)標準 (C)權責 (D)進度 分明。

（D）3. 開設美容院的營利事業登記，應向　(A)社會局　(B)教育局　(C)警察局　(D)建設局　申請。

（B）4. 美容經營開業前的市調可以了解消費者的　(A)存款數字　(B)消費習慣　(C)睡眠時間　(D)員工生活。

（D）5. 售後服務是屬於　(A)有形產品　(B)核心產品　(C)全產品　(D)引申產品。

（B）6. 美容院停業及歇業登記，應於停業幾日內提出申請？　(A)7日　(B)15日　(C)30日　(D)二個月　內。

（A）7. 產品的生命週期：A. 導入期；B. 成長期；C. 成熟期；D.衰退期　的正確順序是　(A)A→B→C→D　(B)A→C→B→D　(C)B→C→D→A　(D)C→B→A→D。

（C）8. 企業員工間因其業務績效差異，所得到的薪資，是基於　(A)保健基礎　(B)職務基礎　(C)績效基礎　(D)技能基礎。

【 人體生理學概要 】

（C）1. 下列敘述何者正確？　(A)毛幹主司毛髮的生長　(B)毳毛通常有髓質的構造　(C)皮膚吸收的途徑主要是經由毛囊而達皮膚內　(D)年齡越大毛髮的生長週期越長。

（D）2. 下列有關皮膚的敘述何者正確？　(A)表皮中最厚的一層是顆粒層　(B)表皮是一種乾燥的單層柱狀上皮　(C)角質層的角化細胞生命力極強，可促使皮膚的新陳代謝　(D)人類的表皮也可以利用環境中的氧氣進行呼吸。

（B）3. 關於皮膚功能的敘述，下列何者錯誤？　(A)皮膚為人體的第一道防線，可以保護其下組織，抵抗細菌的入侵　(B)皮膚的冷、熱、觸、壓覺主要由皮膚的游離神經末稍負責感應；而痛、癢覺則由專門的接受器負責　(C)外界環境寒冷時，皮膚血管會收縮，且減緩血液流速，以保留體溫　(D)人體皮膚的吸收途徑，主要有表皮吸收與皮脂腺吸收兩種。

（C）4. 下列何種腺體，不屬於變形的汗腺？　(A)外耳道的耳垢腺　(B)乳腺　(C)眼瞼的梅氏腺(Meibomian gland)　(D)腋下的頂漿腺。

（C）5. 維持皮膚表面酸鹼值之正常，其主要目的是　(A)避免過度排汗　(B)促進皮膚之血液循環　(C)避免細菌感染　(D)避免皮膚表面過度角質化。

（A）6. 表皮層屬於下列何種組織？　(A)上皮組織　(B)結締組織　(C)肌肉組織　(D)神經組織。

（A）7. 對紫外線具有防禦能力的是　(A)角質層　(B)透明層　(C)網狀層　(D)脂肪層。

（B）8. 毛髮中哪一部分含色素？　(A)角質　(B)皮質　(C)髓質　(D)生長基層。

（A）9. 皮膚角質層含水量低於　(A)10%　(B)20%　(C)30%　(D)40%　時，皮膚會有脫屑、乾裂的現象發生。

（B）10. 下列何者不是短硬毛的毛髮？　(A)鼻毛　(B)鬍鬚　(C)睫毛　(D)耳毛。

（A）11. 下列哪些是皮膚發炎反應的參與者？　(A)胖細胞、巨噬細胞、嗜鹼性球　(B)胖細胞、巨噬細胞、嗜中性球　(C)胖細胞、巨噬細胞、紅血球　(D)胖細胞、巨噬細胞、IgE抗體。

（D）12. 在過敏反應中出現的免疫球蛋白是　(A)IgA　(B)IgG　(C)IgM　(D)IgE。

（A）13. 毛髮的哪一部位具有生命力？　(A)毛乳頭　(B)毛鱗片　(C)髮幹　(D)髮梢。

【專業護膚】

（C）1. 皮膚經過陽光或紫外線照射後，所產生之物質是何種維生素？　(A)維生素D_1　(B)維生素D_2　(C)維生素D_3　(D)維生素D_4。

（B）2. 表皮角質層的水分含量在　(A)5~10%　(B)10~20%　(C)50~60%　(D)70~80%　最理想。

【彩妝造型設計】

（C）1. 下列各組配色中，何者圖形色彩明視度最高（前者為底色，後者為圖形色彩）？　(A)黑藍　(B)紅黃　(C)黑黃　(D)綠黃。

（D）2. 下列何種色彩經常應用於間隔與分離作用，以協調強烈而不易協調的兩色？　(A)綠色　(B)藍色　(C)紫色　(D)黑白色。

（C）3. 對比色相的配色在色相環上的角度為　(A)30°~60°　(B)60°~90°　(C)120°~150°　(D)180°。

【化妝品的知識】

（A）1. 化妝品使用過後，如有皮膚發炎、發癢、紅腫、水泡等情況發生　(A)應立即停止使用　(B)立刻換品牌　(C)用大量化妝水冷敷　(D)用大量的收斂水冷敷。

（C）2. 化妝品中加香料會引起過敏性皮膚炎，係因部分香料含　(A)乙醇　(B)乙酸　(C)光敏感劑　(D)苯。

（D）3. 化妝品之防腐規範中，何種化妝品之要求最嚴格？　(A)口唇用　(B)頭髮用　(C)清潔用　(D)眉眼用。

（A）4. 使用化妝品最常見之不良反應為　(A)刺激反應　(B)光毒反應　(C)過敏反應　(D)致畸反應。

【公共衛生】

（B）1. 營業場所預防意外災害，最重要的是　(A)學會急救技術　(B)建立正確的安全觀念並養成良好習慣　(C)維持患者生命　(D)減少用電量。

（C）2. 下列何種消毒非屬於物理消毒法之一？　(A)紫外線消毒　(B)蒸氣消毒　(C)氯液消毒　(D)煮沸消毒。

（D）3. 將清理乾淨之器材以氯液消毒，其自由有效餘氯濃度為　(A)千分之二百　(B)萬分之二百　(C)十萬分之二百　(D)百萬分之二百。

（C）4. 漂白水必須在使用前才稀釋主要係因　(A)其為鹼性物質，具有腐蝕性　(B)與酸性溶液混合會產生氯氣　(C)自由有效餘氯濃度會隨時間而降低　(D)曝曬會受到破壞。

（A）5. 陽性肥皂液會與下列何種物質產生拮抗作用，導致其殺菌效果降低？　(A)肥皂　(B)水　(C)空氣　(D)亞硝酸鈉。

（B）6. 我們常用之「酒精」係指何物質？　(A)甲醇　(B)乙醇　(C)丙醇　(D)丁醇。

（B）7. 有顏色的毛巾採用何種消毒法為宜？(A)紫外線消毒　(B)煮沸消毒　(C)氯液消毒　(D)酒精消毒。

（B）8. 掌管皮膚的溫覺、冷覺、觸覺係何種神經？　(A)運動神經　(B)感覺神經　(C)自律神經　(D)交感神經。

【109年度】

（C）1. 下列哪種病係黴菌所引起的傳染病？　(A)阿米巴痢疾　(B)痲瘋　(C)白癬　(D)恙蟲病。

（D）2. 為避免面皰惡化，化妝品不宜選用　(A)消炎化妝水　(B)pH值約4.5的化妝品　(C)親水性化妝品　(D)親油性化妝品。

（C）3. 皮膚角質增生，阻塞毛囊開口，以致油脂無法排出而形成的徵狀是　(A)丘疹　(B)青春痘　(C)白頭粉刺　(D)黑頭粉刺。

（C）4. 美容院停業及歇業登記，應於停業幾日內提出申請？　(A)二個月　(B)7日　(C)15日　(D)30日　內。

（D）5. 開設美容院的營利事業登記，應向　(A)警察局　(B)社會局　(C)教育局　(D)建設局　申請。

（A）6. 下列何者非屬職業安全衛生法規定之勞工法定義務？　(A)實施自動檢查　(B)參加安全衛生教育訓練　(C)定期接受健康檢查　(D)遵守安全衛生工作守則。

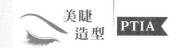

（B）7. 人類眼睛網膜上的視覺細胞，對於「光線明暗」有密切關係為　(A)錐狀細胞　(B)桿狀細胞　(C)水晶體　(D)虹彩。

5-2　PTIA初級

【皮膚與毛髮的保健】

（B）1. 毛髮露出表皮可見的部分稱為　(A)髮根　(B)髮幹　(C)髮骨　(D)毛囊。

（B）2. 毛髮的表皮層是一種　(A)透明狀　(B)半透明狀　(C)不透明狀　(D)黑色狀。

（D）3. 當色素消失而形成了空間，毛髮變成為　(A)黑色　(B)棕色　(C)紅色　(D)灰白色。

（C）4. 所謂多孔性是毛髮吸收下列何者的能力？　(A)角質素　(B)陽光　(C)水分　(D)紫外線。

（C）5. 直髮的毛髮結構，其橫斷面為　(A)方形　(B)橢圓形　(C)圓形　(D)扁形。

（A）6. 毛髮的營養來自於毛髮的毛乳頭，因為它含有　(A)血管　(B)肌肉　(C)腺體　(D)脂肪組織。

（C）7. 皮脂腺分泌過多會使毛髮變成　(A)中性　(B)乾性　(C)油性　(D)鹼性。

（A）8. 沒有起毛肌的毛髮是　(A)眉毛　(B)頭髮　(C)手部的毛髮　(D)腳部的毛髮。

（C）9. 容易產生油垢的毛髮屬　(A)乾性　(B)中性　(C)油性　(D)酸性。

（B）10. 下列何者無感覺神經？　(A)皮膚　(B)毛髮　(C)手指　(D)嘴唇。

（B）11. 毛髮突出表皮外的部分稱為　(A)毛頭　(B)毛幹　(C)毛乳頭　(D)毛根。

（C）12. 有「毛髮之母」之稱的是　(A)毛幹　(B)毛根　(C)毛乳頭　(D)根鞘。

（A）13. 毛囊的內根鞘來自　(A)表皮細胞　(B)真皮細胞　(C)神經細胞　(D)血管。

（D）14. 毛髮的主要成分是　(A)碳水化合物　(B)脂肪　(C)重金屬　(D)蛋白質。

（C）15. 淡色的毛髮含有較少的　(A)氧　(B)硫　(C)碳　(D)鋅。

（D）16. 毛髮的主要部分是　(A)髓質層　(B)表皮層　(C)真皮層　(D)皮質層。

（C）17. 組成毛髮髓質的是　(A)鱗狀細胞　(B)棘狀細胞　(C)立方細胞　(D)顆粒細胞。

（B）18. 毛髮皮質層的細胞內角蛋白屬於　(A)「油」型　(B)「硬」型　(C)「軟」型　(D)「中」型。

（A）19. 毛髮的角質蛋白含有　(A)硫　(B)鐵　(C)銅　(D)鋅。

（D）20. 頭皮上的毛髮屬　(A)纖毛髮　(B)絨毛　(C)短毛髮　(D)長毛髮。

（C）21. 在於兩頰的毛髮是　(A)短毛髮　(B)長毛髮　(C)纖毛髮　(D)絨毛。

（C）22. 身體上四處可見毛髮，下列哪一部分有毛髮？　(A)手掌　(B)腳掌　(C)眼皮　(D)嘴唇。

（C）23. 引起雞皮疙瘩的是　(A)隨意肌　(B)三角肌　(C)起毛肌　(D)平滑肌。

（B）24. 人類毛髮的粗硬、細軟決定在　(A)表皮層　(B)皮質層　(C)髓質層　(D)毛乳頭。

（C）25. 捲曲型毛髮在顯微鏡下觀察外形幾乎是　(A)圓形　(B)橢圓形　(C)扁平形　(D)三角形。

（C）26. 毛髮的表皮層是由髮根處向髮梢圍著毛髮的四周約　(A)1~2層　(B)3~5層　(C)7~9層　(D)15~20層　如鱗片般順次重疊。

（A）27. 毛髮的鱗片張口重疊方向應是　(A)髮根朝髮尾　(B)髮尾朝髮根　(C)髮根無開口　(D)髮尾任意重疊。

（A）28. 毛髮中的蛋白質由胺基酸構成，而胺基酸是由　(A)碳、氫、氮、氧、硫　(B)碳、氮、磷、氧、硫　(C)碳、氫、氧、鐵、硫　(D)氫、氧、鈷、鋅、硫　構成。

（A）29. 髮幹構造由裡到外共有哪幾層？　(A)髓質層、皮質層、表皮層　(B)髓質層、皮質層　(C)髓質層、皮質層、表皮層、外表皮層　(D)表皮層、髓質層。

（A）30. 毛髮最外層為　(A)表皮層　(B)皮質層　(C)毛球　(D)髓質層。

（B）31. 毛髮的伸縮特性主要依靠　(A)髓質　(B)皮質　(C)毛乳頭　(D)毛根。

（D）32. 毛髮的橫切面構造是　(A)像是一根吸管，中間空的　(B)像是一根實心的棒子，心外組織相同　(C)分為五層：髓質、皮質、棘層、顆粒層及角質層　(D)分為三部分：髓質、皮質及表皮。

（A）33. 毛髮上色素粒子在　(A)皮質層　(B)髓質層　(C)毛表皮層　(D)毛根。

（B）34. 毛髮組織由毛母細胞延長所形成的纖維狀物構成　(A)表皮層　(B)皮質層　(C)髓質層　(D)皮下層。

（A）35. 毛髮含有較多的　(A)碳　(B)氧　(C)硫　(D)氮　元素。

（B）36. 毛髮的組成主要是　(A)軟蛋白質　(B)角蛋白質　(C)鈣質　(D)磷質。

（B）37. 正常毛髮中水分含量約占　(A)4%　(B)10%　(C)15%　(D)20%。

（B）38. 毛髮本身所帶的電荷為　(A)陽離子　(B)陰離子　(C)正負都有　(D)正負都沒。

（C）39. 毛髮的成分蛋白質占頭髮的　(A)57%　(B)67%　(C)97%　(D)37%。

（B）40. 毛髮藉著分泌下列何物得以保持柔順？　(A)荷爾蒙　(B)皮脂　(C)角質素　(D)酵素。

（A）41. 長時間的曝曬於強烈日光中，毛髮中的角蛋白質一部分會被　(A)紫外線　(B)紅外線　(C)灰塵　(D)X光線　破壞。

（C）42. 有利於毛髮的營養素是　(A)醣類　(B)碳水化合物　(C)蛋白質食物　(D)澱粉。

（A）43. 造成皮脂腺分泌過多原因之一為　(A)吃了太多動物性脂肪食物　(B)吃了太多青菜、水果　(C)常常燙髮　(D)常常整髮。

（C）44. 含有血液和神經，以提供毛髮的成長和再生是　(A)毛囊　(B)油脂腺　(C)毛乳頭　(D)毛表皮。

（B）45. 毛髮成長不受哪一項影響？　(A)季節　(B)味覺　(C)荷爾蒙　(D)健康。

（A）46. 毛髮是嬰兒在母親腹中　(A)3個月　(B)5個月　(C)7個月　(D)出生時　即開始生長。

（B）47. 一般而言，停止生長的毛髮約占毛髮總數的　(A)50%　(B)15%　(C)70%　(D)3%。

（B）48. 一般頭髮生命週期為　(A)2~6月　(B)2~6年　(C)8~10月　(D)8~10年。

（D）49. 如果毛乳頭被破壞了，毛髮將會　(A)再生長　(B)生長快速　(C)生長緩慢　(D)不再生長。

（C）50. 毛髮約需多久才會長出頭皮外？　(A)2~5小時　(B)2~5天　(C)2~5星期　(D)2~5個月。

（C）51. 男性荷爾蒙會　(A)刺激體毛和頭髮的生長　(B)抑制體毛和頭髮的生長　(C)刺激體毛生長抑制頭髮的生長　(D)對體毛和頭髮沒有影響。

（C）52. 每個人的頭髮因新陳代謝的關係會掉髮，通常每天約掉　(A)10~20根　(B)20~30根　(C)50~100根　(D)100~200根　是正常的。

（B）53. 一般毛髮的直徑在　(A)60毫米以下　(B)60~90毫米　(C)90~120毫米　(D)120毫米以上。

（B）54. 毛髮之平均數量約　(A)5~6萬根　(B)10~12萬根　(C)3000萬根　(D)2000萬根。

（B）55. 皮脂腺提供皮脂以保護頭髮之　(A)暗淡　(B)柔軟　(C)粗糙　(D)長度。

（A）56. 毛髮的彈性和力量是在於頭髮的　(A)皮質層　(B)表皮層　(C)毛囊　(D)髓質層。

（C）57. 頭髮的髮色、強度及髮質主要原因為　(A)飲食　(B)生活習慣　(C)遺傳　(D)心情。

（D）58. 髮質柔順容易梳理是　(A)受損髮質　(B)缺乏彈性髮質　(C)乾性髮質　(D)健康髮質。

（B）59. 在濕熱的狀態下，溫度達到幾度時，毛髮的角質蛋白就開始變化？　(A)45℃　(B)55℃　(C)70℃　(D)100℃。

（D）60. 使乾髮會變得脆弱、易斷的溫度是　(A)60℃　(B)80℃　(C)100℃　(D)160℃。

（A）61. (A)乾性　(B)中性　(C)油性　(D)酸性　之頭髮較易分叉。

（D）62. (A)染髮　(B)潤絲　(C)燙髮　(D)清潔　是保持頭皮健康的基本要素。

（B）63. 不會造成毛髮斷裂、頭髮分叉的原因是　(A)不當的剪、燙、吹方式　(B)頭皮屑太多　(C)紫外線過度照射　(D)太過用力梳髮。

（D）64. 不會造成毛髮分叉的原因是　(A)紫外線曝曬　(B)吹髮時過熱　(C)燙髮液的傷害　(D)髮油、髮蠟。

（A）65. 處理毛髮分叉的最好方法是　(A)修剪　(B)用冷燙液再燙一次　(C)擦些護髮霜即可　(D)只要注意營養即可。

（D）66. 一般睫毛生命週期為　(A)2~6月　(B)2~6週　(C)6~8月　(D)6~8週。

（C）67. 一般毛髮生命週期分為　(A)6　(B)3　(C)4　(D)5　個時期。

（B）68. 毛髮遇到　(A)酸性　(B)鹼性　(C)中性　(D)無性　毛鱗片會打開。

（A）69. 毛髮遇到　(A)酸性　(B)鹼性　(C)中性　(D)無性　毛鱗片會閉合。

（B）70. 一般植睫膠水多為　(A)酸性　(B)鹼性　(C)中性　(D)無性。

（B）71. 植睫時下睫毛應如何處理？　(A)覆蓋面紙保護　(B)以膠帶黏貼固定　(C)不理它　(D)不需特別處理。

（C）72. 植睫設計時應以何為標準？　(A)美睫師想法　(B)顧客想法　(C)與客戶溝通討論後結論　(D)市場流行性。

（D）73. 植睫後的保護下列敘述何者錯誤？　(A)二小時內不碰水　(B)二天內避免進入高溫烤箱　(C)避免以手搓揉睫毛　(D)不需塗抹任何保護產品。

（B）74. 植睫時應盡量選擇植接於　(A)生髮期　(B)成長期　(C)衰退期　(D)脫落期。

（D）75. 毛髮完全脫離毛乳頭是屬於 (A)生長期 (B)活躍期 (C)退化期 (D)休止期。

（A）76. 毛髮的退化期約 (A)1~2週 (B)2~4週 (C)6~8週 (D)8~10週。

（C）77. 下列何者有抑制頭髮生長的作用？ (A)女性荷爾蒙 (B)維生素C (C)男性荷爾蒙 (D)酸性潤髮劑。

（A）78. 退化期的頭髮約占頭髮總量的 (A)1% (B)5% (C)10% (D)20%。

（B）79. 年紀漸長，毛髮的生命週期會 (A)逐漸延長 (B)逐漸縮短 (C)與嬰兒期相同 (D)持續不變。

（A）80. 毛髮的生長速率跟下列何者無關？ (A)美髮用品 (B)性別 (C)年齡 (D)季節變化。

（D）81. 正常的毛髮是 (A)長了不再掉 (B)掉了不再長 (C)只長不會掉 (D)掉了再長。

（D）82. 正常人的頭髮約多少比例處於生長期？ (A)10% (B)30% (C)60% (D)90%。

（B）83. 錯誤的敘述是 (A)每根毛髮的生長期約2~6年 (B)毛髮的退化期很短是1~2年 (C)眉毛的生長期和休止期大致約為5~6個月 (D)一般人的毛髮總數大約十萬根。

（B）84. 何者不是毛髮的生長週期？ (A)生長期 (B)營養期 (C)退化期 (D)休止期。

【人體生理】

（C）1. 皮膚表皮層的最外層是 (A)透明層 (B)顆粒層 (C)角質層 (D)基底層。

（D）2. 皮膚組織中沒有血管分布的是 (A)真皮 (B)上皮 (C)皮下組織 (D)表皮。

（B）3. 顏面骨之中唯一可動的骨是 (A)上頜骨 (B)下頜骨 (C)淚骨 (D)顴骨。

（A）4. 可產生抗體蛋白以保護身體免疫功能的是 (A)淋巴球 (B)紅血球 (C)血小板 (D)血餅。

（B）5. 皮膚對於冷熱碰觸有所反應，因為它有 (A)血液 (B)神經 (C)淋巴液 (D)汗腺及油脂。

（A）6. 感覺疼痛及溫度的變化是 (A)末梢神經 (B)細胞 (C)血液 (D)肌肉。

（A）7. 會引起「雞皮疙瘩」的是 (A)交感神經 (B)副交感神經 (C)顏面神經 (D)迷走神經。

（A）8. 身上沒有皮脂腺的地方是 (A)手掌 (B)眼皮 (C)鼻翼 (D)臉頰。

（B）9. (A)鼻子 (B)指尖 (C)頭皮 (D)背部 的觸覺最敏銳。

（D）10. 表皮細胞因摩擦而不斷剝落，具有防水防曬功能的是 (A)顆粒層 (B)棘狀層 (C)透明層 (D)角質層。

（D）11. 皮膚進行有絲分裂是在 (A)角質層 (B)顆粒層 (C)棘狀層 (D)基底層。

（D）12. 下面哪一項不是皮膚的附屬品？ (A)指甲 (B)毛髮 (C)趾甲 (D)微血管。

（B）13. 皮脂腺分布最多的是 (A)手掌 (B)臉部 (C)腳底 (D)關節。

（C）14. 皮膚上汗腺的小開孔稱為 (A)毛囊 (B)微血管 (C)毛孔 (D)毛乳頭。

（A）15. 最厚的皮膚是在 (A)手掌 (B)兩額 (C)前額 (D)下額。

（B）16. 最薄的皮膚是在 (A)眉毛 (B)眼皮 (C)前額 (D)手背。

（C）17. 人體最大面積的器官是 (A)心臟 (B)肺 (C)皮膚 (D)肚子。

（C）18. 健康的皮膚應該是 (A)完全乾燥 (B)無任何顏色 (C)稍為濕潤及柔軟 (D)蒼白。

（B）19. 皮膚最外的保護層稱為 (A)真皮 (B)表皮 (C)脂肪組織 (D)皮下組織。

【職業道德】

（B）1. 美睫技術主要是為 (A)自己處理 (B)他人服務 (C)公司效勞 (D)賺錢。

（A）2. 工作時從業人員的服裝應為 (A)整齊的制服 (B)穿著流行的服裝 (C)奇裝異服 (D)自己喜歡的服裝。

（C）3. 美容從業人員工作時應 (A)大聲或粗聲說話 (B)任意批評別人 (C)面帶笑容輕聲細語 (D)同事間互相嬉鬧。

（D）4. 美睫業是一種 (A)人與技術 (B)人與毛髮 (C)人與美容院 (D)人與人 直接接觸的服務。

（D）5. 下列哪一項不是良好的職業修養？ (A)誠實 (B)守信 (C)熱心 (D)欺騙。

（A）6. 對待顧客態度應該 (A)誠實有信，一視同仁 (B)視所給小費而定 (C)隨自己情緒好壞而定 (D)視顧客而定。

（B）7. 所謂敬業精神就是 (A)做一行怨一行 (B)求實、求進、求新的精神 (C)打擊同行 (D)道人是非。

（A）8. 從業人員彼此間應該發揮 (A)團隊精神 (B)自我本位 (C)成群結隊 (D)英雄主義。

（A）9. 從業人員的服務態度親切，同事之間的和諧是 (A)顧客上門 (B)氣氛濃厚 (C)同事相處有信 (D)為了大眾相處 的主因。

（Ｂ）10. 美容從業人員不但有優良技術，還要有　(A)甜言蜜語　(B)敬業精神　(C)穿著華麗　(D)美好面貌。

（Ｂ）11. 美睫設計是流行的帶動者，對新的資訊應要掌握，且隨時　(A)對自己標準加以強化　(B)充實或在職進修　(C)有錢可圖　(D)得過且過。

（Ａ）12. 美容院服務品質的評價主要是　(A)顧客　(B)老闆　(C)從業員　(D)旁觀者　給予的。

（Ｄ）13. 如果發現顧客皮膚呈現會癢之鱗屑紅斑時，應如何？　(A)替顧客處理　(B)讓顧客去買藥用　(C)讓顧客去看外科醫師　(D)讓顧客去看皮膚科醫師。

（Ａ）14. 從業人員的服務態度應該是　(A)和藹可親　(B)隨隨便便　(C)馬馬虎虎　(D)嚴肅。

（Ａ）15. 良好的美睫設計師，應當不任意　(A)批評他人　(B)談笑　(C)議價　(D)與他人打招呼。

（Ａ）16. 美睫設計師除了應具備專業理論及精湛的技能，更重要是　(A)職業道德　(B)顧及客人多寡　(C)價錢高　(D)看顧客收費。

（Ｂ）17. 美睫師工作姿勢正確，較　(A)客人安心　(B)不容易疲勞　(C)造型好　(D)材料省。

（Ｂ）18. 美（嫁）睫毛的長度，一般選擇比顧客本身睫毛的多少比例為宜？　(A)1~1.2倍　(B)1.2~1.5倍　(C)1.5~2倍　(D)2.1~2.5倍。

（Ｃ）19. 植睫毛的位置距離眼瞼皮膚多少為佳？　(A)0~0.5mm　(B)0.5~1.0mm　(C)1.0~1.5mm　(D)1.5~2.0mm。

（Ｄ）20. 專業植睫師所用的睫毛為何？　(A)動物毛髮　(B)羽絨毛　(C)塑膠　(D)膠原蛋白睫毛。

（Ａ）21. 植睫後可以刷睫毛膏嗎？　(A)可以，請使用植睫後專用睫毛膏　(B)不可以　(C)可以，所有的睫毛膏都可以使用。

（Ｂ）22. 自然型睫毛植睫時數量大約為多少？　(A)單眼30~40根　(B)單眼50~80根　(C)70~80根　(D)原有睫毛的30~40%。

（Ｃ）23. 合格的植睫膠水需通過什麼檢驗認證？　(A)ISO9000認證　(B)GMP認證　(C)SGS認證　(D)KFC認證。

（Ｄ）24. 一般來說，嫁接睫毛在正常的週期下，多久可以再幫客人做下一次植睫？　(A)90天之後　(B)15~30天　(C)10~15天　(D)30~45天。

（B）25. 美（嫁）睫後，若客人感到不舒服，應　(A)為了美觀，請客人忍耐　(B)盡速協助客人將不舒服的睫毛卸除下來　(C)請客人趕緊自己卸除睫毛　(D)請客人先點眼藥水。

（C）26. 客人已經犯有眼疾，植睫師應該　(A)若客人堅持，應該要幫客人嫁接　(B)請客人點藥水後，再開始嫁接　(C)請客人先回去，等眼疾好了再嫁接。

（C）27. 美容從業人員從顧客進門到出門宜使顧客感覺　(A)冷淡　(B)陰沉　(C)賓至如歸　(D)不受重視。

（D）28. 身為美容從業人員替顧客服務時，主要原則是　(A)聽客人的指揮　(B)不管客人的意見　(C)根據老闆的意見　(D)提出意見與顧客討論。

（D）29. 客人詢問時應　(A)沉默不答　(B)笑而不答　(C)不理不睬　(D)微笑回答。

（B）30. 當發現自己的看法和顧客不同時應　(A)堅持自己的意見　(B)與顧客溝通協調　(C)絕對服從　(D)不理不睬。

（A）31. 美容從業人員應該發揮　(A)團隊精神　(B)自我本位　(C)各做各的　(D)隨隨便便。

（D）32. 美容院中聊天的好話題應該是　(A)政治性的　(B)爭議性的　(C)宗教性的　(D)非爭議性的。

（D）33. (A)美髮　(B)美容　(C)美睫　(D)整體配合　才能把一個人的個性、品性顯現出來。

（A）34. 設計師對本身儀容、態度應加以重視，更重要的是對待顧客時盡量強調對方的　(A)優點　(B)缺點　(C)流行　(D)個性。

（B）35. 美容從業人員工作時的姿態應　(A)可以倚靠　(B)保持正確姿勢　(C)不必講究　(D)隨心所欲。

【安全措施】

（A）1. 地震發生的主要原因是　(A)板塊運動　(B)火山活動　(C)隕石撞擊　(D)衝擊性地震。

（C）2. 許多大地震，由於　(A)風災　(B)水災　(C)火災　(D)油災　所造成的災害遠比震動所造成的更為慘重。

（D）3. 地震時如在高樓大廈裡，應靠著　(A)門　(B)牆壁　(C)窗戶　(D)支柱。

（D）4. 任何火災皆可用的滅火器是　(A)泡沫滅火器　(B)二氧化碳滅火器　(C)乾粉滅火器　(D)鹵化烷滅火器。

（A）5. 不能用在電器火災滅火的是 (A)泡沫滅火器 (B)二氧化碳滅火器 (C)乾粉滅火器 (D)海龍滅火器（鹵化烷）。

（B）6. 火災報警應打 (A)112 (B)119 (C)104 (D)110。

（D）7. 聞到濃瓦斯味時應開 (A)電風扇 (B)排油煙機 (C)抽風機 (D)門窗。

（A）8. 火災時採低姿勢，沿地面約 (A)20公分 (B)30公分 (C)40公分 (D)50公分處爬行。

（C）9. 被濃煙嗆醒時宜用 (A)衣服 (B)塑膠袋 (C)濕毛巾 (D)毛巾 搗住口鼻。

（A）10. 為增加室內房間的明亮度，牆壁顏色宜採 (A)淡色 (B)深色 (C)中間色 (D)灰色。

（C）11. 一般而言，彩色燈泡的光度只有白色或透明燈泡的 (A)20% (B)40% (C)60% (D)80%。

（C）12. 室溫在攝氏幾度以下時不要開冷氣？ (A)22℃ (B)25℃ (C)28℃ (D)31℃。

（A）13. 室內通氣效率大小以 (A)循環式 (B)排出式 (C)吸入式 (D)室內對流式 最大。

（C）14. 燃料油貯存應於 (A)12公尺 (B)14公尺 (C)16公尺 (D)18公尺 處，且要嚴禁煙火。

（D）15. 瓦斯鋼瓶應儲存於陰涼乾燥及通風良好處，環境溫度不得超過 (A)20℃ (B)25℃ (C)20℃ (D)35℃。

（B）16. 通常夏天人體最舒適的溫度約為 (A)16~20℃ (B)20~24℃ (C)24~28℃ (D)28~32℃。

（D）17. 通常夏天人體最適宜的濕度約為 (A)30~40% (B)40~50% (C)50~60% (D)60~70%。

（B）18. 噪音的測量單位是音的 (A)搖擺數 (B)震動數 (C)韻律數 (D)波動數。

【傳染病防治】

（D）1. 何者為傳染病的傳染途徑？ (A)飛沫或空氣傳染 (B)經口傳染 (C)病媒傳染 (D)以上皆是。

（A）2. 何者非小兒麻痺傳染途徑？ (A)共用剃刀 (B)蒼蠅媒介 (C)飛沫傳染 (D)手。

（C）3. 關於日本腦炎何者為非？　(A)多發生於夏季　(B)帶有病毒的三斑家蚊或環蚊叮咬豬，家禽或野鳥類等，將病毒傳入其體內並繁殖　(C)潛伏期20~25天　(D)蚊子在叮咬此等帶有病毒的動物後如再叮咬人體，就會使人感染日本腦炎。

（D）4. 關於病毒性肝炎何者為非？　(A)A型肝炎是由病人的糞便汙染食物或飲水，再傳染給健康的人　(B)B型肝炎經由輸血，外傷或共用針頭，針筒而感染，可成為帶原者，感染年齡越小，變成帶原者的比例更高　(C)又稱為非A非B型肝炎，大部分的病例發生於輸血，受傷或使用不潔的針頭，針筒，病原體可能有二種以上的病毒　(D)潛伏期3~4個月。

（C）5. 關於百日咳何者正確？　(A)傳染源蚊蟲叮咬　(B)傳染途徑患者糞便　(C)傳染途徑接觸患者或被汙染的物品　(D)接觸病人。

（B）6. 關於鼠疫何者為非？　(A)有病的老鼠或其身上的鼠蚤，病人若有肺炎性鼠疫症狀，也是傳染源　(B)患腺鼠疫的老鼠身上的跳蚤，若咬到健康的人，仍不會傳播鼠疫　(C)病人死亡時全身發黑。

（B）7. 關於破傷風何者為非？　(A)傳染源受汙染的土壤，塵埃，人畜的糞便或不潔的刀，剪等　(B)與破傷風的客人接觸及會被傳染　(C)破傷風桿菌由外傷傷口侵入，小而深的傷口更容易感染。

（B）8. 以下何者為非？　(A)營業場所應經常滅老鼠，蚊子，蒼蠅，蟑螂及其他有害衛生昆蟲　(B)門窗關閉，光線昏暗，增加放鬆氛圍　(C)衛生設備應保持清潔，必要時加以消毒　(D)從業人員應穿著整潔的工作服，並注重衛生。

（D）9. 如何減少傳染機會以下何者為非？　(A)不用公共毛巾，浴巾，可減少砂眼，結膜炎的感染機會　(B)隨時保持雙手清潔，工作前後，飯前，大小便後，都要洗手　(C)不與傳染性病或帶原者密切身替接觸　(D)不外出，在家門窗緊閉。

（B）10. 以下何者為非？　(A)從業人員應每年定期健康檢查　(B)從業人員經健康檢查後，發現有開放性疾病仍可繼續營業　(C)停止執業者，非經治療及當地縣市政府指定醫療機構複檢合格，給予證明，不得再行執業。

（A）11. 登革熱是由哪一種病原體所引起的疾病？　(A)病毒　(B)細菌　(C)黴菌　(D)寄生蟲。

（A）12. 梅毒傳染途徑為　(A)接觸傳染　(B)空氣傳染　(C)經口傳染　(D)病媒傳染。

（B）13. 肺結核的預防接種為　(A)沙賓疫苗　(B)卡介苗　(C)免疫球蛋白　(D)三合一混合疫苗。

（A）14. 病人出現黃疸的疾病為　(A)A型肝炎　(B)愛滋病　(C)肺結核　(D)梅毒。

（A）15. 以不潔未經有效消毒的毛巾供顧客使用，可能使顧客感染何種傳染病？　(A)砂眼　(B)狂犬病　(C)日本腦炎　(D)登革熱。

（A）16. 依傳染病防治條例規定公共場所之負責人或管理人發現疑似傳染病之病人應於多少小時內報告衛生主管機關？　(A)24小時　(B)48小時　(C)72小時　(D)84小時。

【急救與消毒】

（C）1. 急救箱內應備有　(A)氨水　(B)白花油　(C)優碘　(D)面速立達母軟膏　來消毒傷口。

（B）2. 可用來固定傷肢，包紮傷口，亦可充當止血帶者為　(A)膠布　(B)三角巾　(C)棉花棒　(D)安全別針。

（D）3. 來蘇水消毒劑其有效濃度為　(A)3%　(B)4%　(C)5%　(D)6%　支煤餾油酚。

（A）4. 蒸氣消毒箱內中心溫度需要多少度以上殺菌效果最好？　(A)80℃　(B)70℃　(C)60℃　(D)50℃。

（A）5. 最簡易的消毒方法為　(A)煮沸消毒法　(B)蒸氣消毒法　(C)紫外線消毒法　(D)化學消毒法。

（A）6. 異物哽塞時不適用腹部擠壓者為　(A)肥胖者及孕婦　(B)成年人　(C)青年人　(D)兒童。

（B）7. 最常用且最有效的人工呼吸法為　(A)壓背舉臂法　(B)口對口人工呼吸法　(C)壓胸舉臂法　(D)按額頭推下八。

（D）8. 成人心肺復甦術中的胸外按壓與口對口人工呼吸次數比例為　(A)5:1　(B)10:1　(C)10:2　(D)30:2。

（C）9. 頭部外傷的患者應該採　(A)仰臥姿式　(B)復甦姿勢　(C)抬高頭部　(D)抬高下肢。

（B）10. 對中風患者的處理是　(A)給予流質食物　(B)患者平臥，頭肩部墊高10~15公分　(C)腳部抬高10~15公分　(D)馬上做人工呼吸。

（C）11. 急性心臟病的典型症狀為　(A)頭痛眩暈　(B)知覺喪失，身體一側肢體麻痺　(C)呼吸急促和胸痛　(D)臉色蒼白，皮膚濕冷。

（A）12. 對食物中毒之急救是　(A)供給牛奶或水立即催吐　(B)將患者移至陰涼處，並除去其上衣　(C)做人工呼吸　(D)做胸外按壓。

5-3 PTIA中級

【職業安全衛生】

（A）1. 毛髮的鱗片張口重疊方向應是　(A)髮根朝髮尾　(B)髮尾朝髮根　(C)髮根無開口　(D)髮尾任意重疊。

（C）2. 組成毛髮髓質的是　(A)鱗狀細胞　(B)棘狀細胞　(C)立方細胞　(D)顆粒細胞。

（D）3. 當色素消失而形成了空間，毛髮變成為　(A)黑色　(B)棕色　(C)紅色　(D)灰白色。

（C）4. 所謂多孔性是毛髮吸收下列何者的能力？　(A)角質素　(B)陽光　(C)水分　(D)紫外線。

（C）5. 直髮的毛髮結構，其橫斷面為　(A)方形　(B)橢圓形　(C)圓形　(D)扁形。

（A）6. 毛髮的營養來自於毛髮的毛乳頭，因為它含有　(A)血管　(B)肌肉　(C)腺體　(D)脂肪組織。

（B）7. 毛髮露出表皮可見的部分稱為　(A)髮根　(B)髮幹　(C)髮骨　(D)毛囊。

（A）8. 沒有起毛肌的毛髮是　(A)眉毛　(B)頭髮　(C)手部的毛髮　(D)腳部的毛髮。

（C）9. 容易產生油垢的毛髮屬　(A)乾性　(B)中性　(C)油性　(D)酸性。

（B）10. 下列何者無感覺神經？　(A)皮膚　(B)毛髮　(C)手指　(D)嘴唇。

（C）11. 皮脂腺分泌過多會使毛髮變成　(A)中性　(B)乾性　(C)油性　(D)鹼性。

（B）12. 毛髮突出表皮外的部分稱為　(A)毛頭　(B)毛幹　(C)毛乳頭　(D)毛根。

（C）13. 有「毛髮之母」之稱的是　(A)毛幹　(B)毛根　(C)毛乳頭　(D)根鞘。

（A）14. 毛囊的內根鞘來自　(A)表皮細胞　(B)真皮細胞　(C)神經細胞　(D)血管。

（D）15. 毛髮的主要成分是　(A)碳水化合物　(B)脂肪　(C)重金屬　(D)蛋白質。

（C）16. 淡色的毛髮含有較少的　(A)氧　(B)硫　(C)碳　(D)鋅。

（D）17. 毛髮的主要部分是　(A)髓質層　(B)表皮層　(C)真皮層　(D)皮質層。

（B）18. 毛髮的表皮層是一種　(A)透明狀　(B)半透明狀　(C)不透明狀　(D)黑色狀。

（D）19. 一般睫毛生命週期為　(A)2~6月　(B)2~6週　(C)6~8月　(D)6~8週。

（B）20. 毛髮皮質層的細胞內角蛋白屬於　(A)「油」型　(B)「硬」型　(C)「軟」型　(D)「中」型。

（ A ）21. 毛髮的角質蛋白含有　(A)硫　(B)鐵　(C)銅　(D)鋅。

（ B ）22. 取下假睫毛時，應小心的從下列何處取下？　(A)眼頭　(B)眼尾　(C)眼中　(D)以上皆可。

（ D ）23. 頭皮上的毛髮屬　(A)纖毛髮　(B)絨毛　(C)短毛髮　(D)長毛髮。

（ C ）24. 身體上四處可見毛髮，下列哪一部分沒有毛髮？　(A)手掌　(B)腳掌　(C)眼皮　(D)嘴唇。

（ A ）25. 毛髮上色素粒子在　(A)皮質層　(B)髓質層　(C)毛表皮層　(D)毛根。

（ B ）26. 人類毛髮的粗硬、細軟決定在　(A)表皮層　(B)皮質層　(C)髓質層　(D)毛乳頭。

（ B ）27. 毛髮組織由毛母細胞延長所形成的纖維狀物構成　(A)表皮層　(B)皮質層　(C)髓質層　(D)皮下層。

（ C ）28. 毛髮的表皮層是由髮根處向髮梢圍著毛髮的四周約　(A)1~2層　(B)3~5層　(C)7~9層　(D)15~20層　如鱗片般順次重疊。

（ C ）29. 假睫毛的寬幅應配合　(A)眉毛　(B)睫毛　(C)眼睛　(D)場合　需要的長度來修剪。

（ A ）30. 毛髮中的蛋白質由胺基酸構成，而胺基酸是由　(A)碳、氫、氮、氧、硫　(B)碳、氮、磷、氧、硫　(C)碳、氫、氧、鐵、硫　(D)氫、氧、鈷、鋅、硫　構成。

（ A ）31. 髮幹構造由裡到外共有哪幾層？　(A)髓質層、皮質層、表皮層　(B)髓質層、皮質層　(C)髓質層、皮質層、表皮層、外表皮層　(D)表皮層、髓質層。

（ B ）32. 正常毛髮中水分含量約占　(A)4%　(B)10%　(C)15%　(D)20%。

（ B ）33. 毛髮的伸縮特性主要依靠　(A)髓質　(B)皮質　(C)毛乳頭　(D)毛根。

（ D ）34. 毛髮的橫切面構造是　(A)像是一根吸管，中間空的　(B)像是一根實心的棒子，心外組織相同　(C)分為五層：髓質、皮質、棘層、顆粒層及角質層　(D)分為三部分：髓質、皮質及表皮。

（ C ）35. 引起雞皮疙瘩的是　(A)隨意肌　(B)三角肌　(C)起毛肌　(D)平滑肌。

（ B ）36. 統合運用髮型、服飾、化妝、睫毛做設計稱之為　(A)化妝設計　(B)造型設計　(C)服裝設計　(D)髮型設計。

（ C ）37. 捲曲型毛髮在顯微鏡下觀察外形幾乎是　(A)圓形　(B)橢圓形　(C)扁平形　(D)三角形。

（ A ）38. 毛髮含有較多的　(A)碳　(B)氧　(C)硫　(D)氮　元素。

（B）39. 毛髮的組成主要是　(A)軟蛋白質　(B)角蛋白質　(C)鈣質　(D)磷質。

（C）40. 男性荷爾蒙會　(A)刺激體毛和頭髮的生長　(B)抑制體毛和頭髮的生長　(C)刺激體毛生長抑制頭髮的生長　(D)對體毛和頭髮沒有影響。

（B）41. 一般頭髮生命週期為　(A)2~6月　(B)2~6年　(C)8~10月　(D)8~10年。

（C）42. 毛髮的成分蛋白質占頭髮的　(A)57%　(B)67%　(C)97%　(D)37%。

（B）43. 毛髮藉著分泌下列何物得以保持柔順？　(A)荷爾蒙　(B)皮脂　(C)角質素　(D)酵素。

（A）44. 長時間的曝曬於強烈日光中，毛髮中的角蛋白質一部分會被　(A)紫外線　(B)紅外線　(C)灰塵　(D)X光線　破壞。

（C）45. 有利於毛髮的營養素為　(A)醣類　(B)碳水化合物　(C)蛋白質食物　(D)澱粉。

（A）46. 造成皮脂腺分泌過多原因之一為　(A)吃了太多動物性脂肪食物　(B)吃了太多青菜、水果　(C)常常燙髮　(D)常常整髮。

（C）47. 含有血液和神經，以提供毛髮的成長和再生是　(A)毛囊　(B)油脂腺　(C)毛乳頭　(D)毛表皮。

（B）48. 毛髮成長不受哪一項影響？　(A)季節　(B)味覺　(C)荷爾蒙　(D)健康。

（A）49. 毛髮是嬰兒在母親腹中　(A)3個月　(B)5個月　(C)7個月　(D)出生時　即開始生長。

（B）50. 一般而言，停止生長的毛髮約占毛髮總數的　(A)50%　(B)15%　(C)70%　(D)3%。

（B）51. 毛髮本身所帶的電荷為　(A)陽離子　(B)陰離子　(C)正負都有　(D)正負都沒。

（D）52. 如果毛乳頭被破壞了，毛髮將會　(A)再生長　(B)生長快速　(C)生長緩慢　(D)不再生長。

（C）53. 毛髮約需多久才會長出頭皮外？　(A)2~5小時　(B)2~5天　(C)2~5星期　(D)2~5個月。

（A）54. 毛髮最外層為　(A)表皮層　(B)皮質層　(C)毛球　(D)髓質層。

（C）55. 每個人的頭髮因新陳代謝的關係會掉髮，通常每天約掉　(A)10~20根　(B)20~30根　(C)50~100根　(D)100~200根　是正常的。

（B）56. 一般毛髮的直徑在　(A)60毫米以下　(B)60~90毫米　(C)90~120毫米　(D)120毫米以上。

（B）57. 毛之平均數量約　(A)5~6萬根　(B)10~12萬根　(C)3000萬根　(D)2000萬根。

（C）58. 所謂「萬綠叢中一點紅」即為　(A)調和　(B)統一　(C)對比　(D)韻律　的表現。

（A）59. 毛髮的彈性和力量是在於頭髮的　(A)皮質層　(B)表皮層　(C)毛囊　(D)髓質層。

（C）60. 頭髮的髮色、強度及髮質主要原因為　(A)飲食　(B)生活習慣　(C)遺傳　(D)心情。

（D）61. (A)染髮　(B)潤絲　(C)燙髮　(D)清潔　是保持頭皮健康的基本要素。

（B）62. 皮脂腺提供皮脂以保護頭髮之　(A)暗淡　(B)柔軟　(C)粗糙　(D)長度。

（B）63. 在濕熱的狀態下，溫度達到幾度時，毛髮的角質蛋白就開始變化？　(A)45℃　(B)55℃　(C)70℃　(D)100℃。

（D）64. 使乾髮會變得脆弱、易斷的溫度是　(A)60℃　(B)80℃　(C)100℃　(D)160℃。

（A）65. (A)乾性　(B)中性　(C)油性　(D)酸性　之頭髮較易分叉。

（D）66. 髮質柔順容易梳理是　(A)受損髮質　(B)缺乏彈性髮質　(C)乾性髮質　(D)健康髮質。

（B）67. 不會造成毛髮斷裂、頭髮分叉的原因是　(A)不當的剪、燙、吹方式　(B)頭皮屑太多　(C)紫外線過度照射　(D)太過用力梳髮。

（A）68. 毛髮遇到　(A)酸性　(B)鹼性　(C)中性　(D)無性　毛鱗片會閉合。

（A）69. 處理毛髮分叉的最好方法是　(A)修剪　(B)用冷燙液再燙一次　(C)擦些護髮霜即可　(D)只要注意營養即可。

（B）70. 缺乏鐵與　(A)銅　(B)鋅　(C)鎂　(D)鈣　等礦物質時，會造成皮膚老化及毛髮脫落等現象。

（C）71. 一般毛髮生命週期分為　(A)6　(B)3　(C)4　(D)5　個時期。

（C）72. 下列何種消毒法非屬於物理消毒法之一？　(A)紫外線消毒法　(B)蒸氣消毒法　(C)氯液消毒法　(D)煮沸消毒法。

（B）73. 毛髮遇到　(A)酸性　(B)鹼性　(C)中性　(D)無性　毛鱗片會打開。

（D）74. 不會造成毛髮分叉的原因是　(A)紫外線曝曬　(B)吹髮時過熱　(C)燙髮液的傷害　(D)髮油、髮蠟的傷害。

（B）75. 一般植睫膠水多為　(A)酸性　(B)鹼性　(C)中性　(D)無性。

（B）76. 嫁睫時下睫毛應如何處理？(A)覆蓋面紙保護　(B)以膠帶黏貼固定　(C)不理它　(D)不需特別處理。

（B）77. 錯誤的敘述是　(A)每根毛髮的生長期約2~6年　(B)毛髮的退化期很短是1~2年　(C)眉毛的生長期和休止期大致約為5~6個月　(D)一般人的毛髮總數大約十萬根。

（D）78. 嫁睫後的保護下列敘述何者錯誤？　(A)二小時內不碰水　(B)二天內避免進入高溫烤箱　(C)避免以手搓揉睫毛　(D)不需塗抹任何保護產品。

（B）79. 植睫時應盡量選擇植接於　(A)生發期　(B)成長期　(C)衰退期　(D)脫落期。

（D）80. 毛髮完全脫離毛乳頭是屬於　(A)生長期　(B)活躍期　(C)退化期　(D)休止期。

（A）81. 毛髮的退化期約　(A)1~2週　(B)2~4週　(C)6~8週　(D)8~10週。

（C）82. 下列何者有抑制頭髮生長的作用？　(A)女性荷爾蒙　(B)維生素C　(C)男性荷爾蒙　(D)酸性潤髮劑。

（A）83. 退化期的頭髮約占頭髮總量的　(A)1%　(B)5%　(C)10%　(D)20%。

（B）84. 年紀漸長，毛髮的生命週期會　(A)逐漸延長　(B)逐漸縮短　(C)與嬰兒期相同　(D)持續不變。

（A）85. 毛髮的生長速率跟下列何者無關？　(A)美髮用品　(B)性別　(C)年齡　(D)季節變化。

（D）86. 正常的毛髮是　(A)長了不再掉　(B)掉了不再長　(C)只長不會掉　(D)掉了再長。

（D）87. 正常人的頭髮約多少比例處於生長期？　(A)10%　(B)30%　(C)60%　(D)90%。

（C）88. 美睫設計時應以何為標準？(A)美睫師想法　(B)顧客想法　(C)與客戶溝通討論後　(D)結論市場流行性。

（B）89. 何者不是毛髮的生長週期？　(A)生長期　(B)營養期　(C)退化期　(D)休止期。

（B）90. 維持皮膚表面酸鹼值之正常，其主要目的為　(A)促進血液循環　(B)避免細菌感染　(C)避免皮膚過度角質化　(D)避免過度排汗。

（D）91. 客戶的眼型為大小眼，專業的美睫師應如何挑選適合的睫毛來嫁接呢？　(A)不管他，反正大小也不是我的問題，只需接客戶想要的睫毛就好　(B)挑選B捲度同一尺寸幫他嫁接　(C)挑選C捲度不同尺寸幫他嫁接　(D)挑選兩種不同捲度，和不同的尺寸，依照客戶的眼形來嫁接。

（D）92. 什麼人不適合接睫毛，下列何者為非？　(A)眼睛分泌物很多的人　(B)本身睫毛很亂或是自然捲　(C)剛燙過睫毛的人　(D)真睫毛量多且毛流整齊的人。

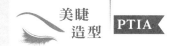

【人體生理】

（B）1. (A)鼻子　(B)指尖　(C)頭皮　(D)背部　的觸覺最敏銳。

（A）2. 會引起「雞皮疙瘩」的是　(A)交感神經　(B)副交感神經　(C)顏面神經　(D)迷走神經。

（D）3. 下面哪一項不是皮膚的附屬品？　(A)指甲　(B)毛髮　(C)趾甲　(D)微血管。

（A）4. 可產生抗體蛋白以保護身體免疫功能的是　(A)淋巴球　(B)紅血球　(C)血小板　(D)血餅。

（B）5. 皮膚對於冷熱碰觸有所反應，因為它有　(A)血液　(B)神經　(C)淋巴液　(D)汗腺及油脂。

（B）6. 使人體能做低頭和轉頭動作的肌肉是　(A)顯肌　(B)胸鎖乳突肌　(C)頸闊肌　(D)三角肌。

（D）7. 皮膚組織中沒有血管分布的是　(A)真皮　(B)上皮　(C)皮下組織　(D)表皮。

（A）8. 身上沒有皮脂腺的地方是　(A)手掌　(B)眼皮　(C)鼻翼　(D)臉頰。

（D）9. 表皮細胞因摩擦而不斷剝落，具有防水防曬功能的是　(A)顆粒層　(B)棘狀層　(C)透明層　(D)角質層。

（D）10. 皮膚進行有絲分裂是在　(A)角質層　(B)顆粒層　(C)棘狀層　(D)基底層。

（B）11. 顏面骨之中唯一可動的骨是　(A)上頜骨　(B)下頜骨　(C)淚骨　(D)顴骨。

（B）12. 皮脂腺分布最多的是　(A)手掌　(B)臉部　(C)腳底　(D)關節。

（C）13. 皮膚上汗腺的小開孔稱為　(A)毛囊　(B)微血管　(C)毛孔　(D)毛乳頭。

（A）14. 最厚的皮膚是在　(A)手掌　(B)兩額　(C)前額　(D)下額。

（B）15. 最薄的皮膚是在　(A)眉毛　(B)眼皮　(C)前額　(D)手背。

（C）16. 人體最大面積的器官是　(A)心臟　(B)肺　(C)皮膚　(D)肚子。

（A）17. 毛髮的粗硬、細軟，主要取決於　(A)皮質　(B)髓質　(C)表皮層　(D)毛囊。

（B）18. 下列何者血壓值最低？　(A)主動脈　(B)大靜脈　(C)小動脈　(D)微血管。

（C）19. 健康的皮膚應該是　(A)完全乾燥　(B)無任何顏色　(C)稍為濕潤及柔軟　(D)蒼白。

（B）20. 皮膚最外的保護層稱為　(A)真皮　(B)表皮　(C)脂肪組織　(D)皮下組織。

（A）21. 敏感皮膚的特徵為　(A)易呈現小紅點、發癢　(B)由分多、水分少　(C)易長黑斑、面皰　(D)油分少、水分多。

（A）22. 感覺疼痛及溫度的變化是　(A)末梢神經　(B)細胞　(C)血液　(D)肌肉。

（B）23. 毛髮中哪一部分含色素？　(A)角質　(B)皮質　(C)髓質　(D)生長基層。

（A）24. 人體最小的單位是　(A)細胞　(B)器官　(C)組織　(D)系統。

【職業道德】

（A）1. 對待顧客態度應該　(A)誠實有信，一視同仁　(B)視所給小費而定　(C)隨自己情緒好壞而定　(D)視顧客而定。

（B）2. 美容從業人員不但有優良技術，還要有　(A)甜言蜜語　(B)敬業精神　(C)穿著華麗　(D)美好面貌。

（A）3. 化妝品衛生管理之主管機關，在中央為　(A)行政院衛福部　(B)衛生處　(C)衛生局　(D)臺北市衛生局。

（C）4. 美容從業人員工作時應　(A)大聲或粗聲說話　(B)任意批評別人　(C)面帶笑容輕聲細語　(D)同事間互相嬉鬧。

（D）5. 美睫業是一種　(A)人與技術　(B)人與毛髮　(C)人與美容院　(D)人與人　直接接觸的服務。

（D）6. 下列哪一項不是良好的職業修養？　(A)誠實　(B)守信　(C)熱心　(D)欺騙。

（B）7. 美睫技術主要是為　(A)自己處理　(B)他人服務　(C)公司效勞　(D)賺錢。

（B）8. 所謂敬業精神就是　(A)做一行怨一行　(B)求實、求進、求新的精神　(C)打擊同行　(D)道人是非。

（A）9. 從業人員彼此間應該發揮　(A)團隊精神　(B)自我本位　(C)成群結隊　(D)英雄主義。

（A）10. 從業人員的服務態度親切，同事之間的和諧是　(A)顧客上門　(B)氣氛濃厚　(C)同事相處有信　(D)為了大眾相處　的主因。

（A）11. 工作時從業人員的服裝應為　(A)整齊的制服　(B)穿著流行的服裝　(C)奇裝異服　(D)自己喜歡的服裝。

（B）12. 美睫設計是流行的帶動者，對新的資訊應要掌握，且隨時　(A)對自己標準加以強化　(B)充實或在職進修　(C)有錢可圖　(D)得過且過。

（A）13. 美容院服務品質的評價主要是　(A)顧客　(B)老闆　(C)從業員　(D)旁觀者　給予的。

（D）14. 如果發現顧客皮膚呈現會癢之鱗屑紅斑時，應如何？　(A)替顧客處理　(B)讓顧客去買藥用　(C)讓顧客去看外科醫師　(D)讓顧客去看皮膚科醫師。

（A）15. 從業人員的服務態度應該是　(A)和藹可親　(B)隨隨便便　(C)馬馬虎虎　(D)嚴肅。

（A）16. 良好的美睫設計師，應當不任意　(A)批評他人　(B)談笑　(C)議價　(D)與他人打招呼。

（D）17. 一般來說，嫁接睫毛在正常的週期下，多久可以再幫客人做下一次植睫？　(A)90天　(B)15~30天　(C)10~15天　(D)30~45天。

（B）18. 美睫師工作姿勢正確，較　(A)客人安心　(B)不容易疲勞　(C)造型好　(D)材料省。

（B）19. 植睫毛的長度，一般選擇比顧客本身睫毛的多少比例為宜？　(A)1~1.2倍　(B)1.2~1.5倍　(C)1.5~2倍　(D)2.1~2.5倍。

（C）20. 植睫毛的位置距離眼瞼皮膚多少為佳？　(A)0~0.5mm　(B)0.5~1.0mm　(C)1.0~1.5mm　(D)1.5~2.0mm。

（D）21. 專業美睫師所用的睫毛為何？　(A)動物毛髮　(B)羽絨毛　(C)塑膠　(D)膠原蛋白睫毛。

（A）22. 嫁睫後可以刷睫毛膏嗎？　(A)可以，請使用植睫後專用睫毛膏　(B)不可以　(C)可以，所有的睫毛膏都可以使用。

（B）23. 自然型睫毛嫁睫時，數量大約為多少？　(A)單眼30~40根　(B)單眼50~80根　(C)70~90根　(D)原有睫毛的30~40%。

（C）24. 合格的美睫膠水需通過什麼檢驗認證？　(A)ISO9000認證　(B)GMP認證　(C)SGS認證　(D)KFC認證。

（A）25. 美睫設計師除了應具備專業理論及精湛的技能，更重要是　(A)職業道德　(B)顧及客人多寡　(C)價錢高　(D)看顧客收費。

（B）26. 嫁接睫毛後，若客人感到不舒服，應　(A)為了美觀，請客人忍耐　(B)盡速協助客人將不舒服的睫毛卸載下來　(C)請客人趕緊自己卸載睫毛　(D)請客人先點眼藥水。

（C）27. 客人已經犯有眼疾，植睫師應該　(A)若客人堅持，應該要幫客人嫁接　(B)請客人點藥水後，再開始嫁接　(C)請客人先回去，等眼疾好了再嫁接。

（C）28. 美容從業人員從顧客進門到出門宜使顧客感覺　(A)冷淡　(B)陰沉　(C)賓至如歸　(D)不受重視。

（D）29. 身為美容從業人員替顧客服務時，主要原則是　(A)聽客人的指揮　(B)不管客人的意見　(C)根據老闆的意見　(D)提出意見與顧客討論。

（B）30. 美化眼睛的技巧，可利用　(A)眼影　(B)眼線　(C)睫毛膏　(D)假睫毛　來改變眼睛的大小。

（B）31. 當發現自己的看法和顧客不同時應　(A)堅持自己的意見　(B)與顧客溝通協調　(C)絕對服從　(D)不理不睬。

（D）32. 無聲的語言是指　(A)臉部表情　(B)眼睛　(C)肢體動作　(D)以上皆是。

（A）33. 美容從業人員應該發揮　(A)團隊精神　(B)自我本位　(C)各做各的　(D)隨隨便便。

（D）34. 美容院中聊天的好話題應該是　(A)政治性的　(B)爭議性的　(C)宗教性的　(D)非爭議性的。

（D）35. (A)美髮　(B)美容　(C)美睫　(D)整體配合　才能把一個人的個性、品性顯現出來。

（A）36. 設計師對本身儀容、態度應加以重視，更重要的是對待顧客時盡量強調對方的　(A)優點　(B)缺點　(C)流行　(D)個性。

（D）37. 客人詢問時應　(A)沉默不答　(B)笑而不答　(C)不理不睬　(D)微笑回答。

（B）38. 美容從業人員工作時的姿態應　(A)可以倚靠　(B)保持正確姿勢　(C)不必講究　(D)隨心所欲。

（D）39. 店頭行銷工作要項，有關交易何者錯誤？　(A)介紹說明產品　(B)商品陳列、品項之擴充　(C)提供樣品　(D)商品成分檢驗。

（B）40. 裝戴上假睫毛時，眼睛要往　(A)上看　(B)下看　(C)閉上　(D)張開　，才容易裝好。

（A）41. 若本身睫毛較細軟不建議接何種粗度？　(A) 0.2mm　(B)0.15mm　(C)0.1mm　(D)以上均可。

【安全措施】

（B）1. 臺灣地區電燈供電電壓與頻率規格是　(A)110V/50Hz　(B)110V/60Hz　(C)220V/50Hz　(D)100V/50Hz 。

（B）2. 遇火災濃煙時不宜用　(A)衣服　(B)塑膠袋　(C)濕毛巾　(D)毛巾　摀住口鼻。

（D）3. 地震時如在高樓大廈裡，應靠著　(A)門　(B)牆壁　(C)窗戶　(D)支柱。

（D）4. 任何火災皆可用的滅火器是　(A)泡沫滅火器　(B)二氧化碳滅火器　(C)乾粉滅火器　(D)鹵化烷滅火器。

（D）5. 瓦斯鋼瓶應儲存於陰涼乾燥及通風良好處，環境溫度不得超過 (A)20℃ (B)25℃ (C)20℃ (D)35℃。

（B）6. 火災報警應打 (A)112 (B)119 (C)104 (D)110。

（D）7. 聞到濃瓦斯味時應開 (A)電風扇 (B)排油煙機 (C)抽風機 (D)門窗。

（A）8. 火災時採低姿勢，沿地面約 (A)20公分 (B)30公分 (C)40公分 (D)50公分處爬行。

（C）9. 許多大地震，由於 (A)風災 (B)水災 (C)火災 (D)油災 所造成的災害遠比震動所造成的更為慘重。

（A）10. 為增加室內房間的明亮度，牆壁顏色宜採 (A)淡色 (B)深色 (C)中間色 (D)灰色。

（C）11. 一般而言，彩色燈泡的光度只有白色或透明燈泡的 (A)20% (B)40% (C)60% (D)80%。

（C）12. 室溫在攝氏幾度以下時不要開冷氣？ (A)22度 (B)25度 (C)28度 (D)31度。

（A）13. 室內通氣效率大小以 (A)循環式 (B)排出式 (C)吸入式 (D)室內對流式 最大。

（C）14. 燃料油貯存應於 (A)12公尺 (B)14公尺 (C)16公尺 (D)18公尺 處，且要嚴禁煙火。

（A）15. 不能用在電器火災滅火的是 (A)泡沫滅火器 (B)二氧化碳滅火器 (C)乾粉滅火器 (D)滅火器（鹵化烷）。

（A）16. 地震發生的主要原因是 (A)板塊運動 (B)火山活動 (C)隕石撞擊 (D)衝擊性地震。

（D）17. 通常夏天人體最適宜的濕度約為 (A)30~40% (B)40~50% (C)50~60% (D)60~70%。

（B）18. 噪音的測量單位是音的 (A)搖擺數 (B)震動數 (C)韻律數 (D)波動數。

【傳染病防治】

（C）1. 關於百日咳何者正確？ (A)傳染源蚊蟲叮咬 (B)傳染途徑患者糞便 (C)傳染途徑接觸患者或被汙染的物品 (D)接觸病人。

（B）2. 關於破傷風何者為非？ (A)傳染源受汙染的土壤，塵埃 (B)人畜的糞便或不潔的刀，剪等 (C)與破傷風的客人接觸及會被傳染 (D)破傷風桿菌由外傷傷口侵入，小而深的傷口更容易感染。

（C）3. 關於日本腦炎何者為非？ (A)多發生於夏季 (B)帶有病毒的三斑家蚊或環蚊叮咬豬，家禽或野鳥類等，將病毒傳入其體內並繁殖 (C)潛伏期20~25天 (D)蚊子在叮咬此等帶有病毒的動物後如再叮咬人體，就會使人感染日本腦炎。

（D）4. 關於病毒性肝炎何者為非？ (A)A型肝炎是由病人的糞便汙染食物或飲水，再傳染給健康的人 (B)B型肝炎經由輸血，外傷或共用針頭，針筒而感染，可成為帶原者，感染年齡越小，變成帶原者的比例更高 (C)又稱為非A非B型肝炎，大部分的病例發生於輸血，受傷或使用不潔的針頭，針筒，病原體可能有二種以上的病毒 (D)潛伏期3~4個月。

（D）5. 何者為傳染病的傳染途徑？ (A)飛沫或空氣傳染 (B)經口傳染 (C)病媒傳染 (D)以上皆是。

（B）6. 關於鼠疫何者為非？ (A)有病的老鼠或其身上的鼠蚤，病人若有肺炎性鼠疫症狀，也是傳染源 (B)患腺鼠疫的老鼠身上的跳蚤，若咬到健康的人，仍不會傳播鼠疫 (C)病人死亡時全身發黑。

（A）7. 何者非小兒麻痺傳染途徑？ (A)共用剃刀 (B)蒼蠅媒介 (C)飛沫傳染 (D)手。

（A）8. 依傳染病防治條例規定公共場所之負責人或管理人發現疑似傳染病之病人應於多少小時內報告衛生主管機關？ (A)24小時 (B)48小時 (C)72小時 (D)84小時。

（D）9. 如何減少傳染機會以下何者為非？ (A)不用公共毛巾，浴巾，可減少砂眼，結膜炎的感染機會 (B)隨時保持雙手清潔，工作前後，飯前，大小便後，都要洗手 (C)不與傳染性病患或帶原者密切身替接觸 (D)不外出，在家門窗緊閉。

（B）10. 以下何者為非？ (A)從業人員應每年定期健康檢查 (B)從業人員經健康檢查後，發現有開放性疾病仍可繼續營業 (C)停止執業者，非經治療及當地縣市政府指定醫療機構複檢合格，給予證明，不得再行執業。

（A）11. 登革熱是由哪一種病原體所引起的疾病？ (A)病毒 (B)細菌 (C)黴菌 (D)寄生蟲。

（A）12. 梅毒傳染途徑為 (A)接觸傳染 (B)空氣傳染 (C)經口傳染 (D)病媒傳染。

（B）13. 肺結核的預防接種為 (A)沙賓疫苗 (B)卡介苗 (C)免疫球蛋白 (D)三合一混合疫苗。

（A）14. 病人出現黃疸的疾病為 (A)A型肝炎 (B)愛滋病 (C)肺結核 (D)梅毒。

（A）15. 以不潔未經有效消毒的毛巾供顧客使用，可能使顧客感染何種傳染病？ (A)砂眼 (B)狂犬病 (C)日本腦炎 (D)登革熱。

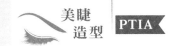

（B）16. 以下何者為非？ (A)營業場所應經常滅老鼠，蚊子，蒼蠅，蟑螂及其他有害衛生昆蟲 (B)應門窗關閉，光線昏暗，增加放鬆氛圍 (C)衛生設備應保持清潔，必要時加以消毒 (D)從業人員應穿著整潔的工作服，並注重衛生。

【急救與消毒】

（B）1. 對中風患者的處理是 (A)給與流質食物 (B)患者平臥，頭肩部墊高10~15公分 (C)腳部抬高10~15公分 (D)馬上做人工呼吸。

（C）2. 急性心臟病的典型症狀為 (A)頭痛眩暈 (B)知覺喪失，身體一側肢體麻痺 (C)呼吸急促和胸痛 (D)臉色蒼白，皮膚濕冷。

（D）3. 來蘇水消毒劑其有效濃度為 (A)3% (B)4% (C)5% (D)6% 支煤餾油酚。

（A）4. 蒸氣消毒箱內中心溫度需要多少度以上殺菌效果最好？ (A)80℃ (B)70℃ (C)60℃ (D)50℃。

（A）5. 最簡易的消毒方法為 (A)煮沸消毒法 (B)蒸氣消毒法 (C)紫外線消毒法 (D)化學消毒法。

（A）6. 異物哽塞時不適用腹部擠壓者為 (A)肥胖者及孕婦 (B)成年人 (C)青年人 (D)兒童。

（B）7. 最常用且最有效的人工呼吸法為 (A)壓背舉臂法 (B)口對口人工呼吸法 (C)壓胸舉臂法 (D)按額頭推下巴。

（D）8. 成人心肺復甦術中的胸外按壓與口對口人工呼吸次數比例為 (A)5:1 (B)10:1 (C)10:2 (D)30:2。

（C）9. 頭部外傷的患者應該採 (A)仰臥姿式 (B)復甦姿勢 (C)抬高頭部 (D)抬高下肢。

（C）10. 急救箱內應備有 (A)氨水 (B)白花油 (C)優碘 (D)面速立達母軟膏 來消毒傷口。

（C）11. 化學藥劑應使用 (A)礦泉水 (B)自來水 (C)蒸餾水 (D)山泉水 調和。

（A）12. 對食物中毒之急救是 (A)供給牛奶或水立即催吐 (B)將患者移至陰涼處，並除去其上衣 (C)做人工呼吸 (D)做胸外按壓。

（D）13. 化學藥劑灼傷眼睛再沖洗時應該 (A)健側眼睛在下 (B)緊閉雙眼 (C)兩眼一起沖洗 (D)傷側眼睛在下。

（B）14. 可用來固定傷肢，包紮傷口，亦可充當止血帶者為 (A)膠布 (B)三角巾 (C)棉花棒 (D)安全別針。

New Wun Ching Developmental Publishing Co., Ltd.
New Age · New Choice · The Best Selected Educational Publications — NEW WCDP

新文京開發出版股份有限公司

NEW WCDP 新世紀．新視野．新文京 — 精選教科書．考試用書．專業參考書